化学の基本シリーズ

② 有機化学

久保拓也・細矢憲 著

化学同人

は じ め に

　この本は有機化学が専門ではなく，かつ，ちょっと苦手で，でもやらないといけない学生さんのための入門書です．有機化学は生命にかかわる化学ですから，身近な学問のはずです．しかし，多くの学生さん，とくに有機化学を専門としない学生さんが，有機化学を暗記ばかりで自分とは無関係の学問と捉え，苦手に感じてしまっていることも事実でしょう．

　私はその理由の一つが，多くの教科書の構成にあるように感じていました．一般的な有機化学の教科書は化合物の結合から始まり，アルカン，不飽和化合物，アルコール，カルボニル化合物と続き，芳香族化合物，含 N，含 S 化合物を学び，そのあとでアミノ酸，タンパク質，核酸，糖，そして薬物や天然物，高分子化合物と解説されていきます．このため，身近でおもしろいトピックスはあとまわしになってしまい，また講義時間が足りなくなって足早に取り扱われるに過ぎません．

　そこで実験的に教科書をうしろから，すなわち生体関連物質，ホルモン，薬物から順に教えてみました．すると，化合物名を聞いた学生さんたちは「なんか聞いたことある」となって，有機化学に興味をもち始めました．さらに糖の異性体の構造によって人間が感じる甘さや苦さが異なることを知り，化合物の構造の微妙な違いにも注目するようになりました．有機化学は高等学校でも後半に出てくる単元です．有機化学を知って間もない学生さんには，聞いたことのある，自分自身に関係のある物質を解説してくれる講義は勉強する動機につながったのでしょう．

　この経験から，有機化学に興味を感じていない学生さんや専門外の学生さんには，「有機化学ってこんな学問で，こんなことがわかるんです」というイントロダクションが必要なのだと気がつきました．そこで，本書ではこれまでの有機化学の教科書とはまったく異なる章立てと内容の大幅な取捨選択を行いました．0章で身近な化合物を含むトピックスを取り上げ，1章で有機化合物の見分け方，2章で名前の付け方を学び，そのもとになっている結合については3章で取り上げました．反応については反応の基礎（4章），置換反応と脱離反応（5章），付加反応（6章）の三つに絞り込みました．次の学習につながっていくよう，7章では自分自身のからだと生活にかかわる生体関連物質や高分子化合物を取り上げています．

　章の数が少ないのは，短期間での学習や講義での使いやすさを意識したからです．章をあまりに細かく区切ると1コマの授業で複数の章をやらなければならず，じっくり学習を深めることができません．本書は全8章ですので，講義で使用される先生がたには，例題や章末問題も講義で取り上げていただき，学生さんの理解度を見ながら進めていただければと思います．また，苦手意識をもちやすい芳香族化合物については詳しい解説や反応は本書では取り扱わず，個々の章に索引的な意味でタイトルでは表しきれない情報を入れました．興味をもった項目，化合物については先生に聞いたり他書を見たりして，さらに掘り下げていってもらいたいと思います．

　本書が，私たちの身の回りで生活を助け，豊かにしてくれている有機化学に興味をもち，有機化学あるいは自分自身の専門分野への理解を深めていくきっかけになると幸いです．

2017 年 12 月

久保拓也・細矢　憲

も く じ

0 大学で学ぶ有機化学とは

0-1 有機合成の意義	1	0-2-2 薬と毒	7
0-2 身近にある有機化学	4	0-2-3 生体が魅せる精密な有機化学	9
0-2-1 天然資源化学	4	0-2-4 人間が生み出した有機化学	14

1 有機化合物の分離，検出，構造解析

1-1 有機化合物の分析	19	1-5-1 分子量測定	34
1-2 分離	20	1-5-2 分子構造解析	36
1-3 クロマトグラフィー	21	1-6 核磁気共鳴	38
1-3-1 薄層クロマトグラフィー	22	1-7 単結晶 X 線回折	44
1-3-2 カラムクロマトグラフィー	23	章末問題	45
1-3-3 高速液体クロマトグラフィー	24		
1-3-4 ガスクロマトグラフィー	27	コラム HPLC のさまざまな分離モード	26
1-4 吸収，発光スペクトル解析	28	発展 Lambert Beer の式	29
1-4-1 電磁波による測定の原理	28	発展 FTIR	32
1-4-2 解析手法	30	発展 構造決定と同位体比	35
1-5 質量分析計	34	発展 NMR の原理	38

2 有機化合物の命名法と立体化学

2-1 構造式の書き方	49	2-2-5 アミン	54
2-2 有機化合物の種類，官能基	51	2-2-6 アルデヒドとケトン	54
2-2-1 炭化水素	51	2-2-7 カルボン酸，エステル，アミド	54
2-2-2 ハロゲン化アルキル	52	2-2-8 チオール，ニトリル	55
2-2-3 アルコール，フェノール	53	2-3 有機化合物の命名法	55
2-2-4 エーテル	53	2-3-1 炭化水素	55

2-3-2　ヘテロ原子含有化合物	59	2-4-3　キラル化合物	70
2-3-3　命名ルール	63	章末問題	74
2-4　立体化学	**66**		
2-4-1　立体配座	67	コラム　ダイオキシン	52
2-4-2　幾何異性体	68	発展　ミクロシスチン	73

3　原子，分子の成り立ちと電子の働き

3-1　原子	**75**	3-4-2　分子の形状	87
3-2　原子の結合	**77**	**3-5　HOMO と LUMO**	**88**
3-2-1　イオン結合と共有結合	77	章末問題	90
3-2-2　Lewis 構造と共鳴	78		
3-3　原子軌道と電子配置	**79**	コラム　重水素と医薬品	76
3-4　分子軌道	**81**	コラム　結合性分子軌道と反結合性分子軌道	83
3-4-1　混成軌道	82	発展　π相互作用	86

4　有機反応の基礎

4-1　酸・塩基	**91**	4-3-1　エンタルピー	99
4-1-1　Brønsted–Lowry 酸・塩基	91	4-3-2　エントロピー	100
4-1-2　酸・塩基の強さ	92	4-3-3　自由エネルギー	100
4-1-3　Lewis 酸・塩基	94	**4-4　反応速度**	**104**
4-2　反応と反応機構	**96**	章末問題	108
4-2-1　反応の種類	96		
4-2-2　反応機構	97	コラム　ミカエリス・メンテン式	102
4-3　反応の熱力学	**99**	発展　MOF	107

5　置換と脱離

5-1　置換反応と脱離反応	**109**	5-2-2　E2 反応	113
5-1-1　競争反応	109	**5-3　一分子反応**	**115**
5-1-2　反応のエネルギー変化	110	5-3-1　S_N1 反応	115
5-2　二分子反応	**112**	5-3-2　E1 反応	116
5-2-1　S_N2 反応	112	章末問題	118

コラム　ポリ塩化ビニルの競争反応　114　　発展　ザイツェフ則　116

6　付加反応

6-1　付加反応	119	6-3　付加反応の選択性	123
6-1-1　付加する分子	119	章末問題	126
6-1-2　付加される分子	120		
6-2　付加反応の立体化学	120		
6-2-1　シス付加	121	コラム　カルボニルの付加反応	122
6-2-2　トランス付加	121	発展　付加環化反応	124

7　生体関連物質と合成高分子

7-1　生体関連物質	127	7-2-3　縮重合体	146
7-1-1　糖質	127	7-2-4　代表的な縮合高分子	147
7-1-2　脂質	131	7-2-5　生分解性樹脂	149
7-1-3　アミノ酸・タンパク質	135	章末問題	150
7-1-4　核酸	140		
7-2　合成高分子	142		
7-2-1　モノマーとポリマー	142	発展　分子インプリント法	143
7-2-2　付加重合体	144	コラム　内分泌かく乱化学物質	149

索　引　151
著者紹介　154

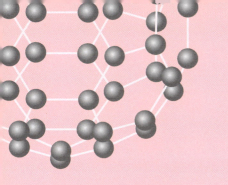

第 0 章
大学で学ぶ有機化学とは
Organic Chemistry in University Course

到達目標

医薬品，生活用品，食品，環境関連化合物など，われわれの身近で活用されている有機化合物を見ることで，有機化学の重要性を知る．

0-1 有機合成の意義

　有機化学を学ぶ前に，有機合成の重要性を知る必要がある．工業製品をつくるプロセスにおいても有機合成を駆使した手法が数多く利用されているが，最も有機合成を必要とするのは医薬品開発の分野である．

　ある天然物質が生体にとって毒である場合，この天然物質をうまく使うと薬になる可能性があるが，ある成分を選択的かつ大量に精製することは容易ではない．そのため，その成分の化学構造を特定し，人工的につくることができれば，薬に直結する場合がある．医薬品分野では，さまざまな有機合成技術によって新規化合物が合成されており，難病といわれた病であっても，数十年後には特効薬が生み出されてきた．たとえばエイズ治療薬であるクリキシバン*は，複雑な過程を経て人工的に合成されている．この過程には，さまざまな官能基の配置を立体的に制御するための工夫がいくつも含まれている．同じく複雑な合成では，1965 年にノーベル化学賞を受賞したビタミン B12 がある．ビタミン B12 は 90 以上のステップを経て合成に成功した（図 0-1）．

　一方生物は，上記のような複雑な有機合成を常に行っている．たとえば，生物のからだを構成する主要なアミノ酸の一つであるフェニルアラニンにはベンゼン環が含まれている．通常ベンゼンは，石油からの精製あるいは炭化水素からの合成で得られるが，微生物や植物は，糖からフェニルアラ

＊ 1996 年に米国で認可された抗ウイルス剤として認可された HIV プロテアーゼ（ペプチド結合加水分解酵素）阻害剤である．このプロテアーゼ阻害剤の登場によって，後天性免疫不全症候群（いわゆるエイズ，AIDS）は不治の病ではなくなった．

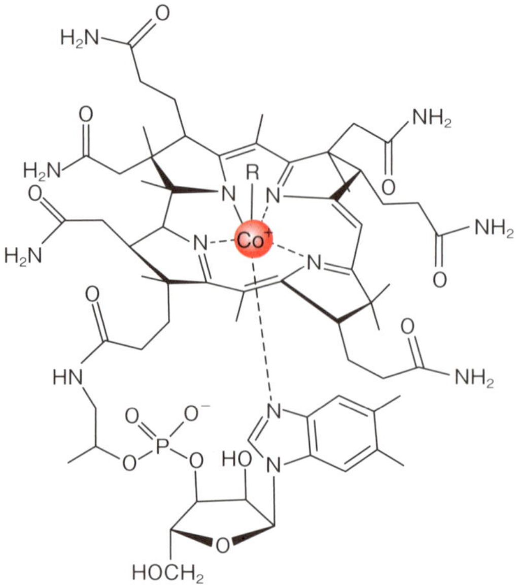

2 ● 0章　大学で学ぶ有機化学とは

図 0-1　ビタミン B$_{12}$

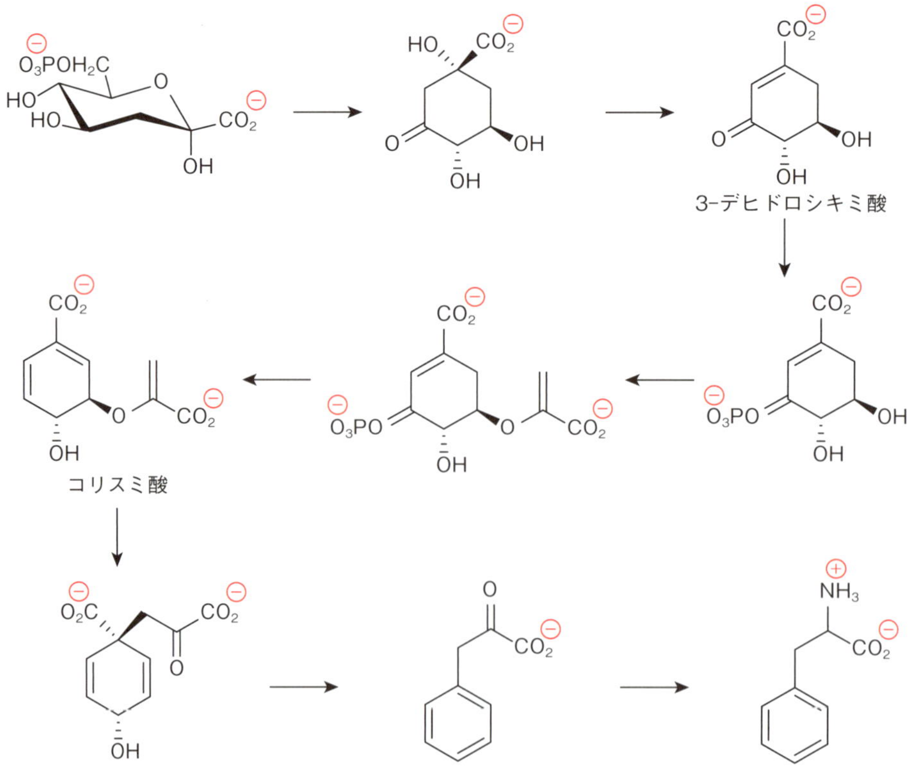

図 0-2　生体内で行われているフェニルアラニンの合成

ニンをつくり出している（図 0-2）．そしてわれわれは，フェニルアラニンを含むタンパク質を摂取することによって体内に取り込んでいる．図 0-2 のとおり，七つの炭素原子を含む糖を出発物質として，酵素の働きで 3-デヒドロシキミ酸が合成され，さらにリン酸化，炭素付加，脱水を経て，コリスミ酸が生成する．続けて，酵素の働きでプレフェン酸からフェニルピルビン酸を経由して，目的のフェニルアラニンが得られる．この過程は非常に複雑なように見えるが，1 段階ごとの反応は，比較的単純な反応によって説明できる．

　さらに，有機合成を考えるうえで知っておくべき化学的な作用として，水素結合がある．自然界において水素結合と呼ばれる非共有結合が重要な役割を果たしていることは，高校の化学や生物でも学んだであろう．きわめて分子量の小さい水が 100℃ にまで達しないと気化しないことは，弱い水素結合が寄り集まることで大きなエネルギーを生み出すことを示している．たとえば分子量が同じジエチルエーテルと 1-ブタノールを比べてみよう．1-ブタノールはヒドロキシ基を含んでいるため，分子どうしや水分子との間に水素結合を形成する．その結果，ジエチルエーテルの沸点が 35℃ 程度と非常に低く水には不溶であるのに対して，1-ブタノールは，沸点が 117℃ と高く，また水への溶解度も比較的高い（7％ 程度）．

　水素結合は生体内のタンパク質の三次元的な構造や，DNA のらせん構造形成にも深く関与している．また，地球上で最も多く存在する炭水化物であり，綿やパルプから採取されるセルロースの規則正しい繊維の構造にも，水素結合が強く関与している．本書で学ぶ有機合成においても，水素結合をうまく利用する反応がたくさん出てくる．水素結合の存在を常に頭に入れておく必要がある．

　このように，有機化学はわれわれの生命活動に密着しており，そのエッセンスを理解することはさまざまな生物学的現象を説明するうえで必要不可欠である．本書のみで有機化学のすべてを網羅することはできないが，有機化学の原理的な成り立ちや基本的な規則，そしてその有用性を理解してほしい．

　有機化学はわれわれの生活にきわめて密接に関連する学問であり，基礎的な有機化学を理解すれば，医学，薬学，生化学，食品化学，環境化学，分析化学，工業化学など，広範にわたる分野で応用できるだろう．

　まず 0 章では，有機化学のすばらしさに触れるために，われわれの身近にある有機化学を用語解説のかたちで紹介する．さらに有機化学の重要なエッセンスやルールを理解することを目指して，七つの章（1 〜 7 章）でその基礎を説明する．高校化学と比較すると少し難しいと感じるかもしれないが，有機化学の身近さ，すばらしさを知ってもらえることを期待したい．

4 ● 0章 大学で学ぶ有機化学とは

0-2 身近にある有機化学

　われわれの身近に見られる有機化学を紹介する.「➡○章」で示したのは関連する章である.

0-2-1 天然資源化学
アルカロイド

天然由来の有機化合物で窒素原子を含む物質を総じてアルカロイドと呼ぶ. アルカロイドの構造は非常にバラエティに富んでおり, ほとんどの場合に生物活性をもつ. そのため, 創薬などの分野では, 微生物, 細菌, 植物から新規アルカロイドを探索する研究も進められている. われわれの身近にあるアルカロイドとしては, モルヒネ, コカイン, ヘロインなど麻薬として使われるものが有名である(図0-3a〜c). また, 夏場に湖沼で見られる藍藻の異常発生(いわゆるアオコ)での肝臓毒シリンドロスパモプシン, あるいは貝毒(実際には貝が捕食する藍藻由来)であるサキシトキシンなどもアルカロイドに属する(図0-3d, e). これらの生物活性物質の構造を決定することで, 新規医薬品合成のヒントが得られる.

➡ 2章

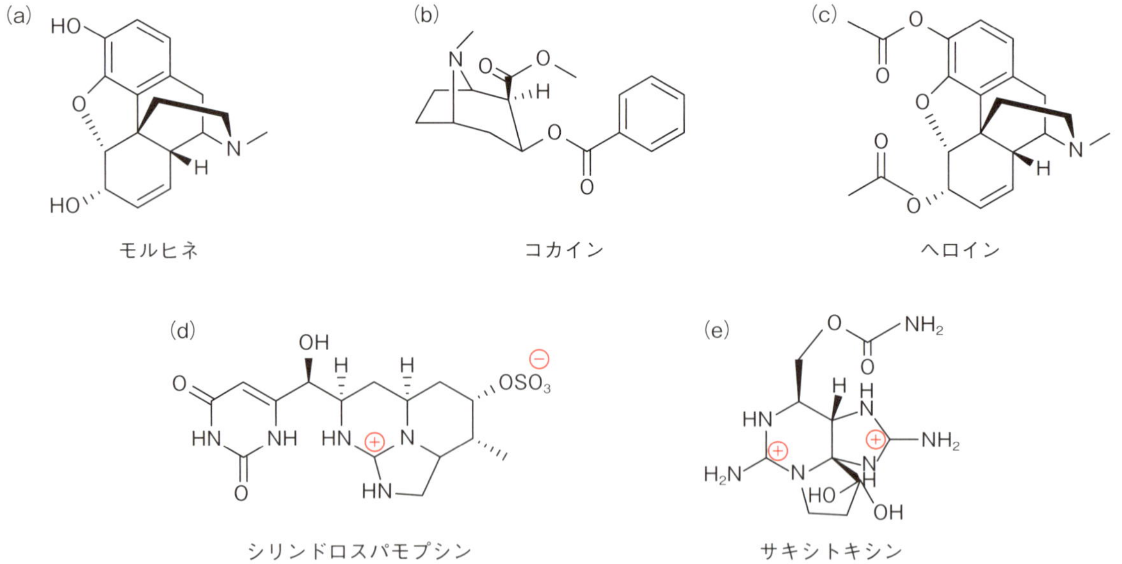

モルヒネ

コカイン

ヘロイン

シリンドロスパモプシン

サキシトキシン

図 0-3 身近なアルカロイド

石油

バイオ燃料や再生可能エネルギーなど，枯渇燃料に替わる新たな燃料開発の研究が進められる一方で，われわれが消費するエネルギーのほとんどは依然として石油燃料に頼っている．石油といっても，実は非常に多くの物質が混ざったもので，それぞれの成分を分離することで石油エーテル，リグロイン，ガソリン，灯油，重油，グリースなどが得られる（表0-1）．とくにガソリンは高い品質が求められ，含有成分の異性化や有機合成的手法*によって，燃焼性の高い成分へと変換され，実生活に利用される．またその過程で生じる副生成物である短い鎖長の成分（エチレンやプロピレン）は，工業製品，医薬品，高分子材料などの出発原料として利用可能であり，ガソリンそのものよりも付加価値が高く，経済的な影響力も大きい．
➡ 2章

*クラッキングなど．クラッキングとは日本語では接触分解の意味で，一般的には触媒の作用によって生じる分解化学反応を指す．ガソリンの場合，具体的には重油留分を触媒によって分解し，低沸点の炭化水素に変換する．

表0-1　石油の蒸留によって得られる代表的な分画

留分の沸点幅（℃）	炭素数	利　用
20 以下	1 ～ 4	天然ガス，液化ガス，石油化学製品
20 ～ 60	5 ～ 6	石油エーテル，溶媒
60 ～ 100	6 ～ 7	リグロイン，溶媒
40 ～ 200	5 ～ 10	ガソリン
175 ～ 325	12 ～ 18	灯油，ジェット燃料
250 ～ 400	12 以上	ガス油，燃料油，ディーゼル油
不揮発性液体	20 以上	精製鉱物油，潤滑油，グリース
不揮発性固体	20 以上	パラフィンワックス，アスファルト，タール

J.R.Holum, *General, Organic, Biological, Chemistry*, 9th ed., John Wiley & Sons, Inc. New York, 1995. p.213 から許可を得て転載．

石油の精製

原油には非常に多くの成分が含まれていて，完全に分離するのは不可能といえる．石油精製の第一段階は蒸留であり，表0-1のように，沸点に応じて8種類に分類する．ガソリンについては，蒸留で得られる量では足りないので，炭化水素鎖長が長い灯油（Cが12以上）の成分をさまざまな触媒存在下で高温処理することで（接触クラッキング），切断，枝分かれさせてガソリンの成分に変換する．なお，ガソリンは一般的にオクタン価を指標として品質が評価されているが，これは，エンジンでのノッキング*を引き起こすノルマルヘプタンのオクタン価を0，イオオクタンの値を100として相対的に計算されている．
➡ 2章

*ガソリン燃料が異常燃焼を引き起こして，エンジンの不自然な振動や異常音が出る状態．

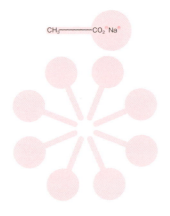

図 0-4 石けん分子とミセルの構造

石けん

エステルの塩基性条件下での加水分解をけん化と呼ぶ．これは，石けんの製造に由来する呼び方であり，グリセリンのトリエステルが塩基性水溶液中でグリセリンと脂肪酸に分解される反応に基づく．通常，石けんは長鎖のカルボン酸のナトリウム塩やカリウム塩である．石けんは水溶液中で分子どうしが集合し，親油基(炭化水素)が疎水的に集まることによって，親水基(カルボン酸)が外側にくる．この状態がいわゆるミセルであり，親油性の成分を取り込む性質をもつ(図0-4)．

➡ 7章

炭素材料

有機化学で扱う分子は基本的にすべて炭素原子を含んでおり，その炭素原子に水素，酸素，窒素，硫黄，リンなどの別の原子が結合している．一方，炭素原子のみで構成される物質(炭素材料)もあり，いくつかの同素体がある．炭素と聞いてわれわれが真っ先に想像するのが，真っ黒な鉛筆の芯やすすであるが，これはグラファイト(黒鉛)である(図0-5a)．グラファイトはsp2混成軌道と呼ばれる電子軌道をもち，平面的な構造であるため，

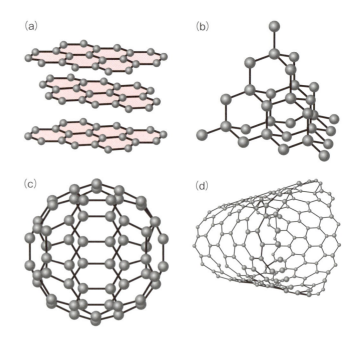

図 0-5 炭素材料
(a)グラファイト，(b)ダイヤモンド，(c)フラーレン(バッキーボール)，(d)カーボンナノチューブ．

高い導電性をもつ．このほかにも，最も硬く非常に高価な宝石であるダイヤモンドも炭素のみでできている（図 0-5b）．ダイヤモンドは sp3 混成軌道と呼ばれる電子軌道をもち，三次元的に規則正しい配列をした結晶である．さらに，真ん中が空洞になったサッカーボールのような形のフラーレンと呼ばれる物質もあり，バッキーボールという別名で最先端の研究材料として注目されている（図 0-5c）．最近の研究では，新たな炭素材料としてシート状のグラフェンが筒状になったカーボンナノチューブが開発された（図 0-5d）．非常に機械的強度が高く，グラフェン同様導電性に優れていることから，電子材料を中心に応用研究が進められている．
➡ 3 章

0-2-2 薬と毒

アルコールの毒性

大学に入学して成人を迎えたら，アルコールを摂取する機会が多くなるだろう．アルコールを大量摂取すると毒性を示すため，これを防ぐために体内ではアルコールの酸化反応が起こる．アルコールの酸化にはアルコールデヒドロナーゼ（ADH）という酵素とニコチンアミドアデニンジヌクレオチド（NAD^+）という補酵素が必要である．最も毒性の低いエチルアルコール（エタノール）を例にすれば，エタノールは ADH と NAD^+ によってアセトアルデヒドに酸化され，さらに酸化されて酢酸となることで無毒化される（図 0-6）．失明の危険があるメチルアルコール（メタノール）も同じように体内で酸化されるが，その際に生成するホルムアルデヒドは視覚に必要なタンパク質であるロドプシンと反応する．これが失明の原因である．
➡ 6 章

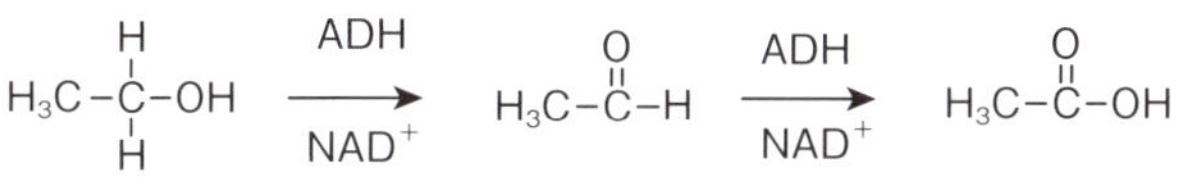

図 0-6　アルコール（お酒）の無毒化

金属触媒と不斉合成

鏡像関係の化合物の一方だけを合成すること（不斉合成）は容易ではなく，医薬品合成では非常に重要な技術である．世界中でさまざまな研究者がこの難題にチャレンジを続けている．わが国でも，野依良治氏らが図 0-7a に示すような複雑な金属触媒を用いることで，ジケトンから不斉アルコールを合成することに成功し，2001 年にノーベル化学賞を受賞した．
➡ 6 章

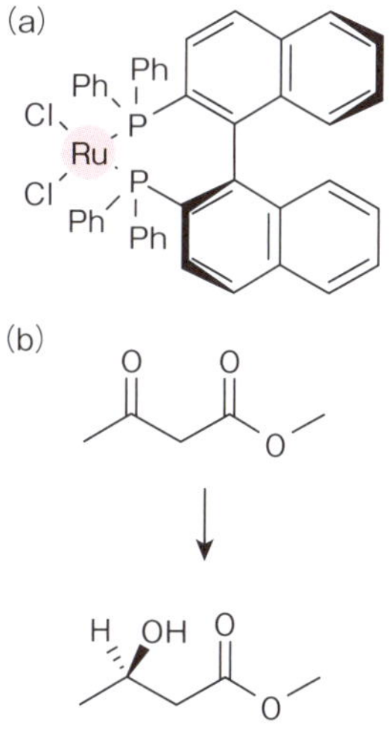

図 0-7　不斉合成を可能にする金属触媒

（a）金属触媒，（b）金属触媒によるジケトンからの不斉アルコール合成．

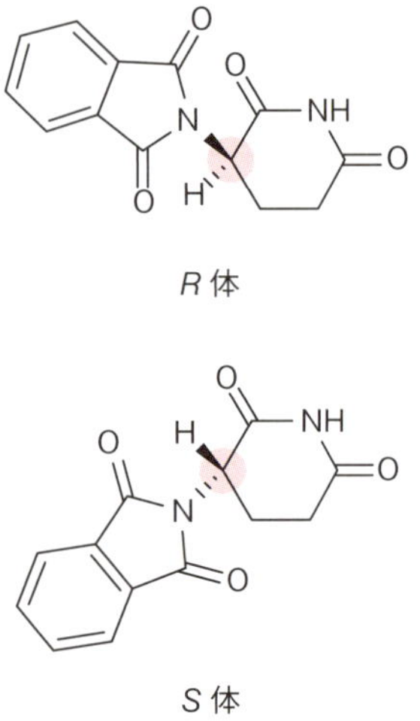

8　●0章　大学で学ぶ有機化学とは

R体

S体

図 0-8　サリドマイドの立体異性体

＊サリドマイドは体内でラセミ化することがわかっている.

サリドマイド

生体内の受容体は特定の分子をきわめて正確に認識する. とくに驚くべきは立体的な違いを見分ける機能であり, その代表事例としてサリドマイド事件が挙げられる. サリドマイドは鎮静剤やつわり緩和薬として, 1950年代にヨーロッパを中心に使用されていた. サリドマイドの構造中には光学中心をもつ炭素原子がある(図0-8). つまり, サリドマイドには鏡像関係にある二つの立体異性体がある. 上記の薬として機能するのは異性体のうちの一方(R体)だけであり, もう一方(S体)はきわめて強い催奇形性をもち, 妊娠時に服用した場合に奇形児が生まれた例が報告されている. 薬剤として販売されていたサリドマイドは二つ異性体の混合物(ラセミ体)であったため, 多くの被害を引き起こした＊. このことからも, 光学異性体の選択的有機合成の重要性が理解できる.

➡ 2章

毒と薬

天然物質のなかには, 生体にとって毒として作用するものが多くある. その一方で, その作用を薬として応用することも可能であり, 天然毒物の生物活性を利用した医薬品開発は現在も広く行われている. たとえば, 南米で産出されるツボクラリンと呼ばれる物質(図0-9a)が高濃度で血中に入ると, 極度の骨格筋麻痺によって呼吸困難を引き起こして死に至る. しかし最適量で用いると, 筋肉弛緩剤として利用できる. また, ツボクラリンが生体内で薬として認識される際には, 化学構造内の二つのアンモニウム基間の距離が重要な役割を果たしていることが明らかになり, これを応用して人工的に合成されたのが2臭化デカメトニウムである(図0-9b). これも筋肉弛緩剤として利用されている.

➡ 4章

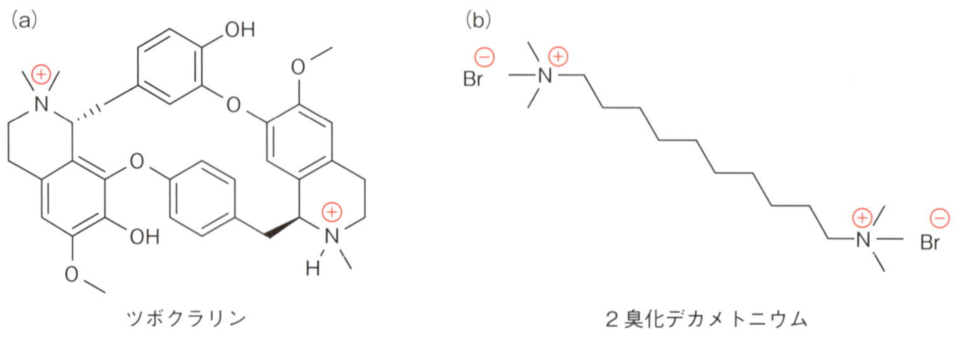

(a)

ツボクラリン

(b)

2臭化デカメトニウム

図 0-9　薬として利用される天然毒の例

プロドラッグ

われわれのからだのなかには，エステルの加水分解を促す酵素が備わっている．たとえば，インフルエンザ薬であるオセルタミビルは，生理活性に関与するカルボキシ基をエチルエステルにすることで，からだのなかで吸収されやすくなっている．さらに，体内でエストラーゼという酵素で加水分解されることで，もとの活性物質に変換される（図0-10）．このように，体内での吸収性や分布の改善，副作用の低減，持続性向上などの目的で意図的に化学修飾された医薬品がプロドラッグであり，頻繁に用いられている．
➡ 4章

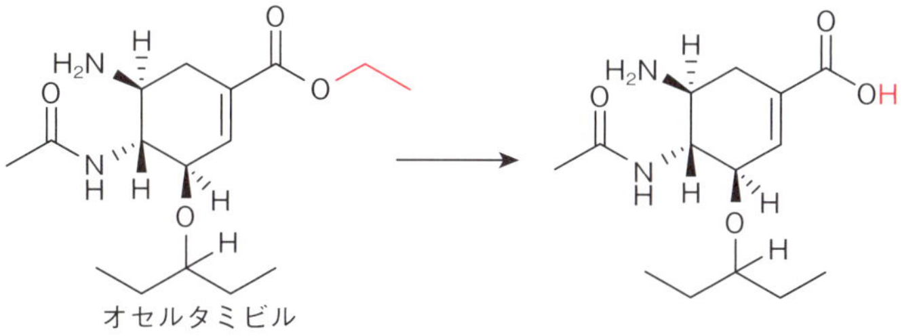

図 0-10　オセルタミビルの加水分解

0-2-3　生体が魅せる精密な有機化学

硫黄化合物による生物学的置換反応

温泉街における卵の腐食臭に似た匂いの正体は硫化水素である．硫黄と聞くとすぐにこの硫化水素を思い出すが，われわれのからだのなかにも硫黄原子を含む化合物が存在し，とくに有毒な中間体を無毒化する酵素反応を手助けしている．その代表的な化合物がグルタチオンと呼ばれるアミノ酸に似た化合物である．グルタチオンは有毒な代謝産物に対して攻撃（求核）する求核試薬として働き，細胞を保護している．

硫黄を含む化合物のもう一つの例として，S-アデノシルメチオニン（SAM，図0-11a）が挙げられる．SAMはメチル化代謝の重要な役割を果たしており，たとえばノルアドレナリン（ノルエピネフリン，図0-11b）のアミノ基が求核置換反応によってSAMを攻撃し，アドレナリン（エピネフリン，図0-11c）が生成する．アドレナリンはスポーツの解説などでよく耳にする，興奮状態のときに産生されるホルモンである．
➡ 5章

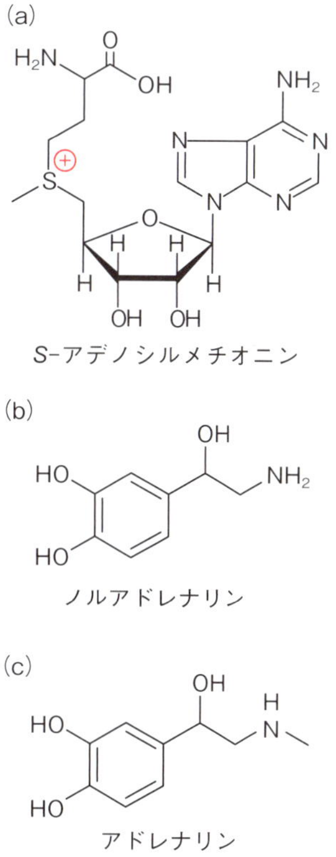

エポキシドの開環

炭素原子2個と酸素原子1個からなる三員環をエポキシドと呼ぶ．生体内

(a)

S-アデノシルメチオニン

(b)

ノルアドレナリン

(c)

アドレナリン

図 0-11　さまざまな生体分子

では，肝臓中のシトクロム P450(P450)によって炭化水素が酸化される際に，生成物としてエポキシドを含む化合物が生成する．さらに開環反応が進行すると，二つの隣り合うヒドロキシ基(ジオール)を生成する．発がん性が懸念されている多環式の芳香族であるベンゾ[a]ピレンは，工場排煙やたばこの煙などに含まれ，環境中の濃度が規制されている物質である．この物質は体内で P450 の作用によってエポキシ化され，最終的にはエポキシジオールが生成し(図 0-12)，この物質が体内の DNA と反応することで，がんを引き起こすと考えられている．

➡ 5章

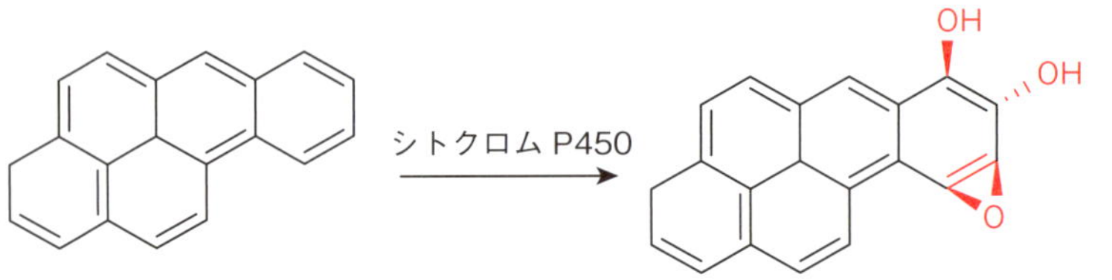

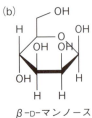

ベンゾ[a]ピレン　　ベンゾピレンジオールエポキシド

図 0-12　エポキシジオールの生成

キラリティーと人間の感覚

有機化合物のなかには，組成がまったく同じで，酸／塩基性や沸点，分子量などの化学的な性質も同等であるにもかかわらず，立体的な原子配置の違いによって異なる性質を示す異性体が存在する．この二つの異性体の関係は，鏡に映した像(鏡像)あるいは右手と左手の関係によく似ている．たとえば，単糖の一つであるマンノースには，α-D-マンノースとβ-D-マンノースが存在し(図 0-13)，前者は甘く感じるが，後者は苦く感じる．同様に，*S*-リモネンはレモンの香りであるのに対して，その異性体である *R*-リモネンはオレンジの香りを放つ(図 0-14)．これらの違いが生じる原因は，生理的にはまだ明確に解明されていないが，われわれの生体内では，化合物のわずかな原子配置の違いが厳密に見分けられ，それに応じた情報が脳に伝達されているということである．

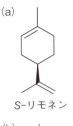

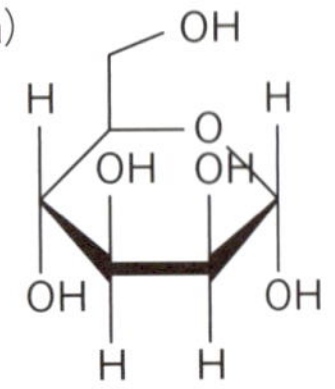

➡ 2章

(a)

α-D-マンノース

(b)

β-D-マンノース

図 0-13　単糖の光学異性体

(a)

S-リモネン

(b)

R-リモネン

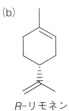

図 0-14　リモネン

ステロイド

三つの六員環と一つの五員環を基本骨格とするさまざまな化合物を総称して，ステロイドと呼ぶ．ステロイド骨格内の二重結合やヒドロキシ基やカルボニル基を中心とする多くの官能基の組合せによって，生体内での振る舞いが大きく異なり，さまざまな生理活性を示す．たとえば，テストステ

ロン(図0-15a)は男性ホルモン(アンドロゲン)として作用するのに対して，エストラジオール(図0-15b)は女性ホルモン(エストロゲン)として作用する．また，多くの成人病予防のための指標として，血中のコレステロール濃度が検査されるが，このコレステロールもステロイドの代表的な化合物である(図0-15c)．

➡ 7章

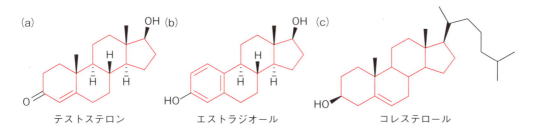

図 0-15 代表的なステロイド

生化学におけるレドックス反応

からだのなかで有機物を原料にして行われる合成や化学反応(代謝)においては，中間生成物を酸化・還元することによってエネルギーを得ている．酸化・還元反応を起こすためには，酸化剤や還元剤が必要になるが，その働きを担うのが補酵素(ドラッグストアでよく見るコエンザイム)である．NAD$^+$やフラビンアデニンジヌクレオチド(FAD)は代表的な補酵素である．これらは特定の化合物から水素を引き抜く反応を促進し，たとえば，NAD$^+$はリンゴ酸をオキサロ酢酸に酸化し，FAD はステアリン酸を酸化する(図0-16)．

➡ 7章

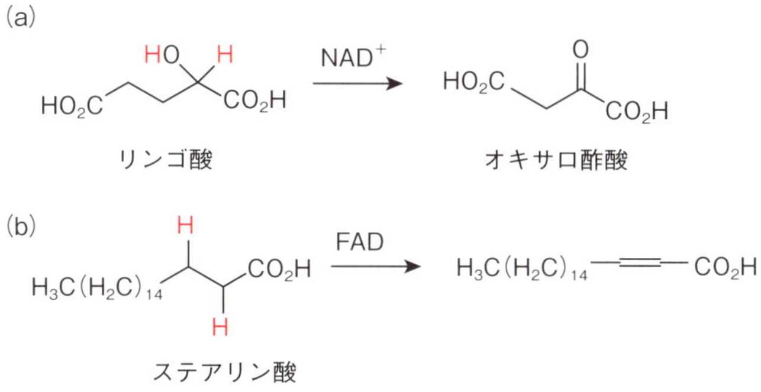

図 0-16 補酵素の作用
(a) NAD$^+$ はリンゴ酸を酸化．(b) FAD はステアリン酸を酸化する．

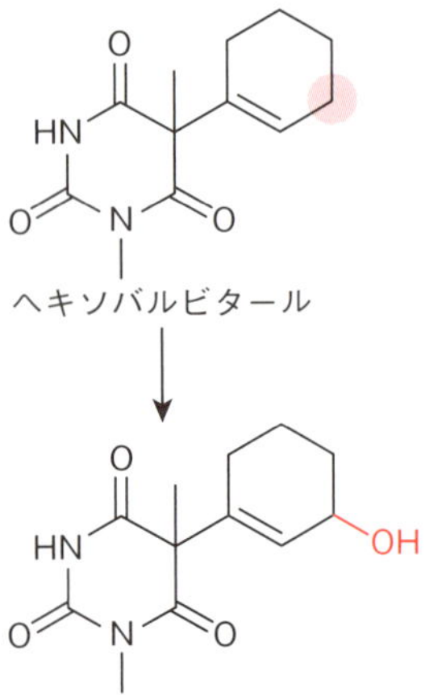

ヘキソバルビタール

図 0-17 ヘキソバルビタールの酸化

代謝におけるアリル酸化

肝臓において解毒作用を担うのが，酸化・還元酵素のファミリーに属するシトクロム P450（P450）である．P450 は，450nm の波長の電磁波を吸収することから，その名が付けられた．アリル基（$-CH_2=CHCH_2-$）を効率的に酸化し，アリルアルコールを生成する機能をもつ．たとえばヘキソバルビタール（睡眠鎮痛剤）は，シクロヘキセン環のアリル位のメチレン基が酸化されることによって酸化が完了し（図 0-17），さらに酸化代謝物の反応によって，速やかに除去される．

➡ 4 章

チオエステルによるアセチル化

神経伝達物質としてアセチルコリンという物質名を耳にしたことがあるだろう．実験室内では，酸ハロゲン化物や酸無水物を使って，容易にアセチル（CH_3CO_2-）化が進行するが，このような反応は水が存在する環境では普通進行しない．つまり，生体内のような水が多量に存在する環境では起こらない反応である．しかし，実際には生体内でもアセチル化が起こる．生体内でのアセチル化を担っているのがチオエステルである．たとえば，アセチル CoA がコリンと反応すると，アセチルコリンが生成する（図 0-18）．これは，チオエステルの安定性がエステルよりも低いために容易にアシル基の転移が起こるためである．

➡ 4 章

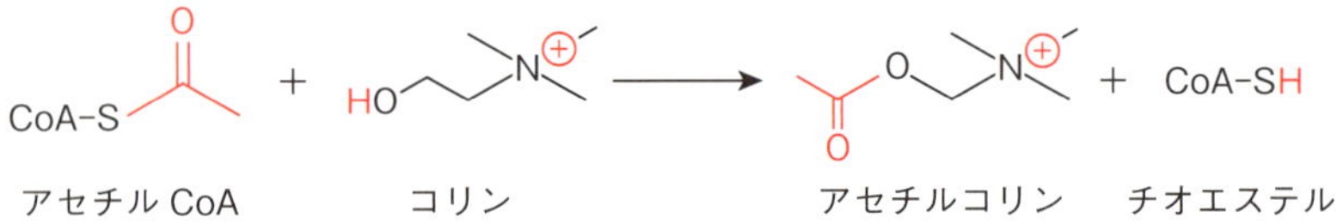

アセチル CoA　　　　　コリン　　　　　アセチルコリン　　　チオエステル

図 0-18 アセチルコリンの生成

ビタミン

ビタミンはわれわれの生命活動に不可欠なものである．最近では，日常の食事で不足するビタミンをサプリメントとして利用する人も少なくない．ひと言でビタミンといっても決められた化学構造や性質をもつわけではなく，すぐに代謝されて日常的に摂取しなければいけないビタミンもあれば，体内に蓄積されるタイプのビタミンもある．前者は化学構造内に比較的極性の高い官能基（水になじみやすい官能基）をもつのに対して（水溶性ビタミン，図 0-19a，b），後者では炭化水素の骨格を主としている（脂溶性ビタミン，図 0-19c，d）*．

➡ 7 章

＊水溶性ビタミンは消化器官で速やかに吸収され，過剰分は腎臓から尿に排出される．一方脂溶性ビタミンは脂肪を多く含む臓器に選択的に溶け込むことができる．

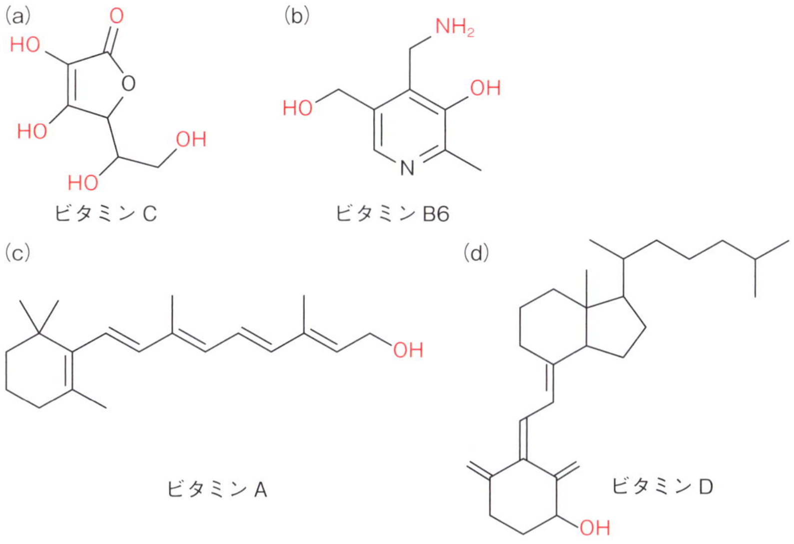

0-2　身近にある有機化学　● 13

(a)　ビタミン C

(b)　ビタミン B6

(c)　ビタミン A

(d)　ビタミン D

図 0-19　ビタミン

フェロモン

昆虫の活動においては化学物質，いわゆるフェロモンによる情報伝達が非常に重要である．目的によって，道標，集合，警報などさまざまな役割があり，実に正確に情報が伝達される．また，われわれが真っ先にイメージする性フェロモンは，成熟して交尾が可能なことをほかの個体に知らせるものである．フェロモンと聞くと独特の香りがあることをイメージしてしまうが，芳香性の化合物だけではない．たとえばヒトリガやイエバエの性誘引物質，ゴキブリの集合フェロモンは，その構造に芳香環を含まない（図 0-20）．
➡ 2 章

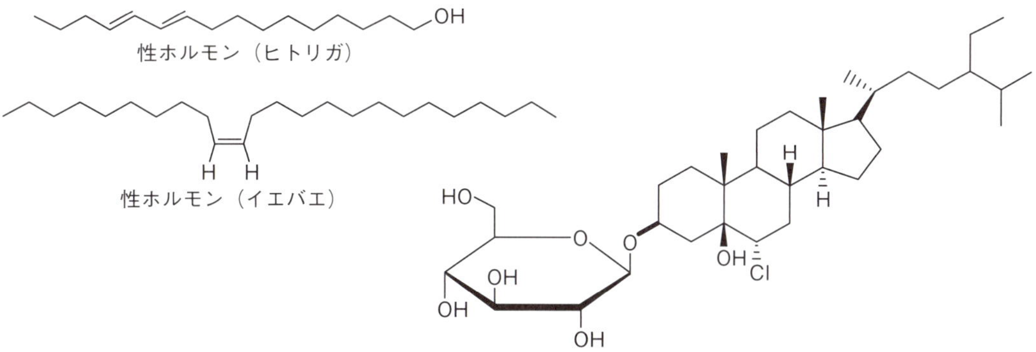

性ホルモン（ヒトリガ）

性ホルモン（イエバエ）

集合ホルモン（ゴキブリ）

図 0-20　フェロモンの例

14　●0章　大学で学ぶ有機化学とは

ポリエーテル

-C-O-C- のユニットをエーテルと呼ぶ．このエーテルが複数個つながっ
たポリエーテルは，非常におもしろい機能を見せる．たとえば，エーテル
が環状につながった分子はクラウンエーテルと呼ばれ(図0-21a)，環の空
洞部分に金属イオン取り込む性質がある．ちょうど，王冠の真ん中に金属
イオンがはまり込むような構造をとる．このような構造は，ホスト－ゲス
ト化学や超分子化学の発展に大きく寄与しており，さまざまな環状化合物
が合成されている．また，天然物にもこれによく似た作用を示す化合物が
あり，たとえば，細菌のもつ環状エーテルのノナクチンはカリウムイオン
を細菌細胞外に選択的に輸送する(図0-21b)．このような生体膜内でのイ
オン輸送を行うエーテルをイオノホアと呼び，生体内にはこの種のイオノ
ホアが無数に存在する．

➡ 7章

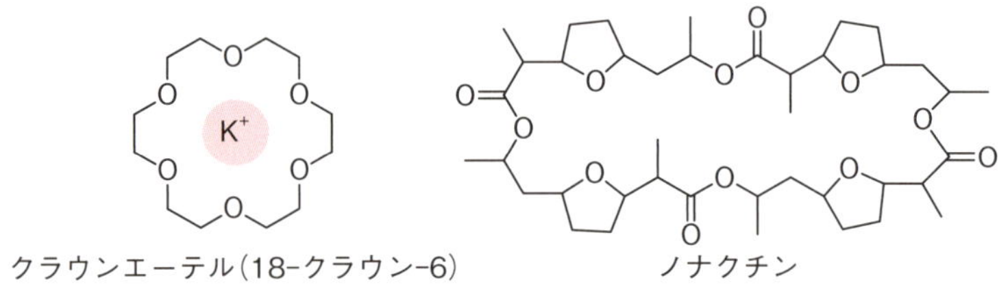

クラウンエーテル(18-クラウン-6)　　　ノナクチン

図 0-21　ポリエーテルの例

0-2-4　人間が生み出した有機化学

ETBE(エチル tert-ブチルエーテル)

イソブテン(常温で気体)は石油化学の産物の一つであるが，そのままでは
用途がなくほとんどが焼却されていた．しかし，酸性条件下で t-ブチル
カチオンに変換することで，容易にアルコールと反応してエーテルを生成
することが見出された．たとえば，t-ブチルカチオン存在下でエタノール
と反応させると，比較的高い沸点の t-ブチルエーテルを得ることができ
る(図0-22)．液体に変換されることによって輸送が容易になるので，ガ
ソリンの代替燃料としての可能性も期待されている．

➡ 2章

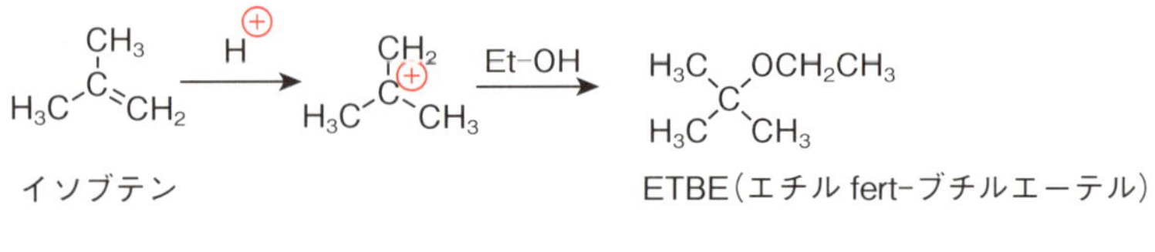

イソブテン　　　　　　　　　　　　　　ETBE(エチル fert-ブチルエーテル)

図 0-22　イソブテンの反応

アダマンタン

CH₂が6個環状につながったシクロヘキサンは，さまざまな三次元構造があり，最も安定ないす型やその次に安定な船型などの構造がある．このうち，いす型のシクロヘキサンをうまく組み合わせると $C_{10}H_{10}$ の異性体のなかで最も熱力学的に安定なアダマンタンと呼ばれる化合物ができる．さらに，アダマンタンの構造をいくつも重ね合わせると，アダマンタンネットワークからなるダイヤモンドが完成する（図 0-23）．

➡ 1 章

生分解性プラスチック

プラスチックとはもともと可塑性物質を意味する言葉であるが，われわれの生活のなかでは，トレイ，ラップ，フィルムなど幅広い材料を総称してプラスチックと呼ぶことも多い．プラスチックは有機化合物を重合して合成されるため，ごみ処理における燃焼時にさまざまな物質を生成する．なかでもダイオキシン類の生成が環境的に懸念されている．また，近年では地球温暖化に伴う二酸化炭素排出の制限や，石油資源の保護などの観点から，生分解性プラスチックが注目されている．たとえば，L-乳酸の脱水を伴う重縮合を行う*ことで得られるポリ-L-乳酸は生分解性プラスチックの代表的な物質である（図 0-24）．ポリ-L-乳酸が微生物によって分解されてもとの L-乳酸に戻ると，細菌の代謝を伴って植物の栄養源となり，デンプンが生成する．これが酵素で分解されてグルコースになると，発酵を利用することで，再び乳酸を得ることができるため，再利用も可能である．これらの各段階でも，やはり自然界で起こる有機合成技術がうまく使われている．このようなサイクルを繰り返すと，石油資源を使うことのない，エコフレンドリーな物質循環が実現できる．

➡ 7 章

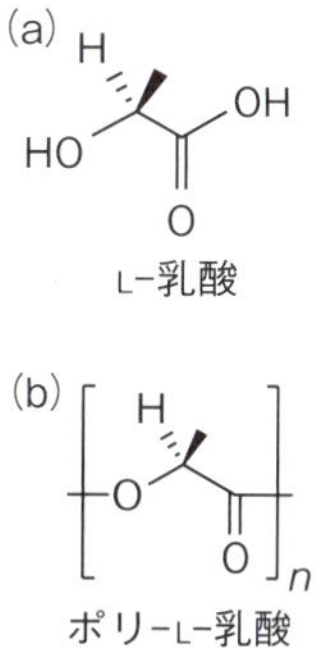

図 0-23 シクロヘキサンとアダマンタンネットワーク

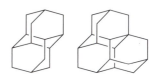

図 0-24 L-乳酸と生分解性プラスチックとして知られるポリ-L-乳酸

* 正確にはラクチド（環状二量体）の開環重合．

含硫黄化合物

アルコールやエーテルの酸素原子を硫黄原子で置き換えたものをそれぞれ，チオール（またはメルカプタン），スルフィド（またはチオエーテル）と呼ぶ．これらの化学的な性質はアルコールやエーテルとよく似ているが，われわれが感じる違いは匂いであり，一般的に含硫黄化合物は，よい香りとはいえない．しかし，これらは医薬品として有効な場合もあり，たとえば，ニンニクに含まれるアジョエン（図 0-25）はジスルフィド（–S–S–）とチオカルボニル（C＝S）を含む，特有の匂いをもつ化合物であるが，腫瘍細胞の死滅作用や，血小板の抗凝集作用などが見出されている．

➡ 2 章

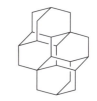

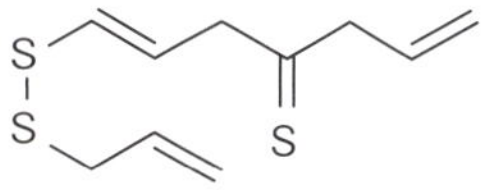

図 0-25 アジョエン

尿素

DNAやタンパク質など，われわれのからだを形成する成分には多くの窒素原子が含まれている．これらの物質が分解されると，窒素原子を含む最小単位の分子として，アンモニアが生成する．アンモニアは毒性をもつため，生体内(肝臓)で尿素(図0-26a)という化合物に変えられて，尿として排出される．実は，この尿素が世界で最初に人工的に合成された有機化合物であり，ウェーラーがシアン酸アンモニウムを用いて尿素の合成に成功した．最近では，保湿剤として化粧品や医薬品に使われることも多い．さらには，ホルムアルデヒドとの縮合によって三次元的な網目構造をもつ尿素樹脂(図0-26b)として，接着剤や塗料にも使われている．

➡ 4章

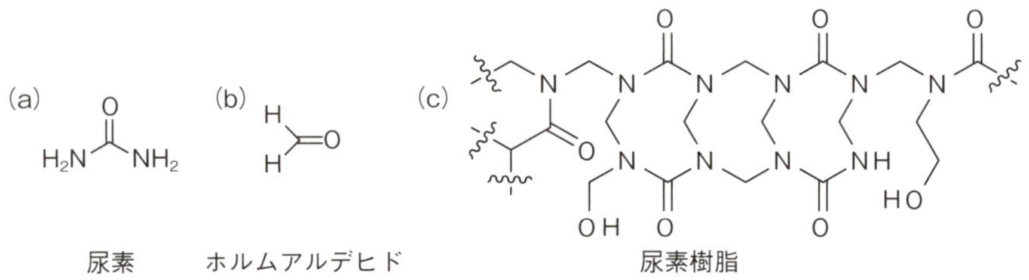

図 0-26　尿素樹脂の生成
(a)尿素，(b)ホルムアルデヒド，(c)尿素樹脂.

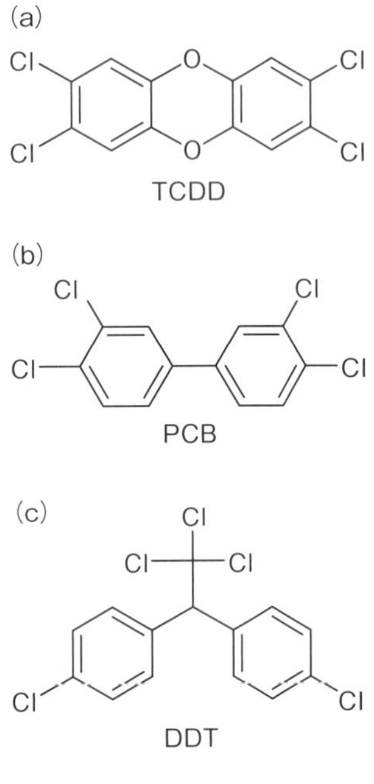

図 0-27　ハロゲン化炭化水素の例

ハロゲン化炭化水素

炭化水素を塩素や臭素で置換した化合物は，高い反応性をもつためさまざまな工業製品や農薬に用いられている．また，ハロゲン化芳香族は絶縁油などとして利用されており，われわれの生活に必要不可欠な物質である．一方で，一般的にハロゲン化炭化水素は，生体にとっては有害なものが多く，深刻な健康被害が出た事例も多数報告されている．たとえば，ダイオキシン類がその代表である．

2,3,7,8-テトラクロロジベンゾ-1,4-ジベンゾジオキシン(TCDD，図0-27a)は，ベトナム戦争で使用された枯れ葉剤に副生成物として含まれており，その結果として，奇形出産や発育異常の増加が確認されている．また，ごみ焼却の生成物としても発生し，国によって対策が行われている．同じくダイオキシンの一種である，ポリ塩素化ビフェニル(PCB，図0-27b)は絶縁油として広く利用されていたが，カネミ油症事件*をきっかけに使用が禁止され，それ以降は徹底した廃油管理が義務付けられている．さらに，殺虫剤として利用されていたジクロロジフェニルトリクロロエタン(DDT，図0-27c)も発がん性が指摘されて使用禁止になっている．これら

の毒性発現のメカニズムについては，完全には理解されていないが，本来生体内では存在しないこれらの物質が，ハロゲン化物特有の反応性の高さから，体内での代謝機能によって別の化合物に変換され，それらがタンパク質や核酸と反応することで，毒性を生み出していると考えられている.
➡ 2章

* 1968 年に北九州市にあるカネミ倉庫株式会社で，脱臭のために使用されていた PCB が食用油に混入し，この油を通して，PCB を摂取した人びとが，顔面などへの色素沈着や塩素挫瘡（クロルアクネ）など肌の異常，頭痛，手足のしびれ，肝機能障害などの症状を訴えた.

ビスフェノール A

2000 年代前半に，「環境ホルモン」と呼ばれ世間を騒がせた代表的な化合物としてビスフェノール A（図 0-28）がある．レンズやケースなどに用いられるポリカーボネート，接着剤や塗料などに用いられるエポキシ樹脂からビスフェノール A が高濃度で検出されており，さらには，ほ乳瓶や子どもの玩具からも検出されたため，生体への影響が懸念された．現在も，内分泌かく乱化学物質をいう名称で，生体への影響が研究されているが，エストロゲン受容体活性（女性ホルモンとして作用）との明確な因果関係はわかっていない.
➡ 7章

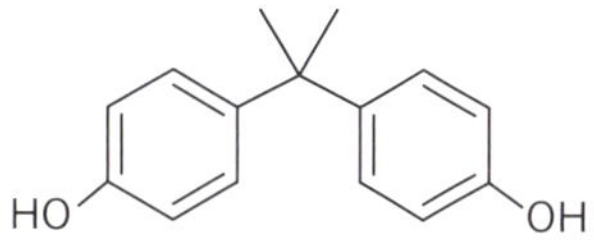

図 0-28　ビスフェノール A

フェノール

小学校でよく使っていた絵の具に独特の匂いがあったことを覚えているだろうか．この正体は，ベンゼン環にヒドロキシ基が一つ付いたフェノールである．フェノールは一般的に殺菌作用があり，絵の具には防腐剤の用途で添加されている．フェノールに，さらにアルキル基やハロゲンが置換するとその殺菌効果が増大するため，歯科での滅菌や水虫などの局所用の薬剤として利用されている（図 0-29）.
➡ 2章

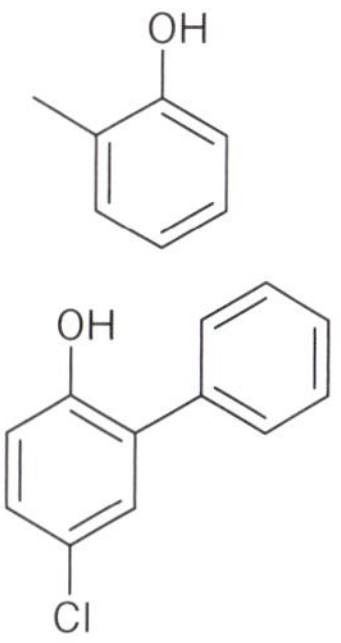

図 0-29　フェノールの置換物

フロン

塩素や臭素などのハロゲン原子が炭素原子と結合したハロゲン化炭素は，きわめて安定な化合物であり，不燃性を示す．この性質を利用して消化剤として利用されており，とくに水による消火が好ましくないような施設（コンピューター室など）でのスプリンクラーシステムに用いられている．また塩素，フッ素，炭素からなる化合物（クロロフルオロカーボン，CFCs）も「フロン」と呼び，エアコンや冷蔵庫の冷媒として長期間利用されてきた（図 0-30）．デュポン社が開発したフレオンがその代表的な化合物であり，さまざまな製品に使われ，その使用・廃棄に伴って，数十万トン以上の CFCs が大気中に放出された．CFCs は地球表層では分解されず，環境負荷の小さい化合物であるとされていたが，成層圏において強い紫外線を吸

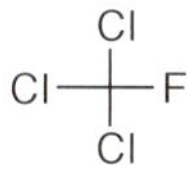

図 0-30　フロン（フレオン）の例

収することで炭素−塩素の開裂によるラジカルを発生し，結果的にわれわれを紫外線から守っているオゾン層を破壊することが判明した．現在は，水素原子を含むハイドロクロロフルオロカーボン(HCFCs)，ハイドロフルオロカーボン(HFCs)が利用されており，これらは塩素原子を含まず，成層圏に達する前に破壊される物質に転換されるため，オゾン層の破壊を引き起こさない．

➡ 2章

ポリアセチレン

ポリマーの合成は，有機合成の反応を基本としており，連続した同一反応や付加的な反応を組み合わせることで，目的の性質をもつポリマー材料を合成している．したがって，合成されたポリマーそのものに学術的な名誉が与えられることは少ない．例外が白川英樹氏らが開発したポリアセチレン（図 0-31）であり，導電性を含む非常に多岐にわたる利点が認められ，2000 年にノーベル化学賞が与えられた．

HC≡CH　$\xrightarrow{\text{Ti/Al 系触媒}}$　─(CH=CH)$_p$─
アセチレン　　　　　　ポリアセチレン

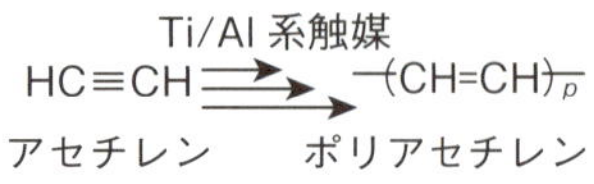

図 0-31　ポリアセチレンの合成

➡ 7章

ロウ

ロウは，比較的炭素数の多い脂肪酸とアルコールがエステルとして結合した化合物群を指し（図 0-32），燃焼性が高い．さらに，炭素数が多いために，疎水性（水になじまない性質）が高く，水をはじく性質があるため，ワックスとしても利用されている．

➡ 7章

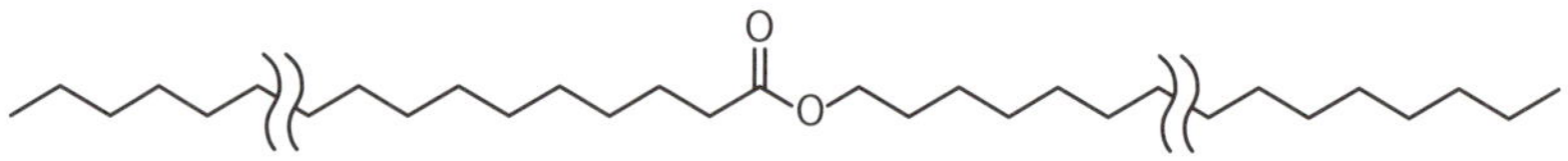

図 0-32　ロウの構造

第 1 章
有機化合物の分離, 検出, 構造解析
Separation, Detection and Structural Determination of Organic Compounds

> **到達目標**
> 有機合成を行ううえで必要になる分離, 検出手法についての基礎的な原理を学び, それらから得られる情報をもとに有機化合物の構造を推定, 決定するための知見を習得する.

1-1 有機化合物の分析

 KEYWORDS

| 分離 | 検出 | 構造解析 | スペクトル解析 |

　われわれがある特定の有機化合物を得るためには, さまざまな反応機構のなかから最適な反応を選択し, 原料を決め, 触媒, 溶媒, 温度などの合成条件を検討しなければならない. そして, その反応で生成した新たな化合物を単離する必要がある. 化学反応式で書くと, 目的の化合物がいとも簡単に得られるような錯覚に陥るが, 実は反応溶液中には, 原料, 触媒, 副生成物など複数の化合物が含まれている. つまり, 反応を行ったあとには, 必ず**分離**(separation)を行わなければならない.

　このとき, 高校までに学ぶ蒸留や再結晶などの基本的な分離手法だけでは, 目的化合物を完全に分けることは容易ではなく, 化合物の性質に応じた分離手法を選ぶ必要がある. さらに, 有機化合物の分子は目に見えない. たいていの場合, 反応溶液は透明であり, 目的生成物を含むすべての化合物が均一に溶解している. したがって, 分離した結果を確認するための化合物の**検出**(detection)の方法も考えなければならない. 有機化合物は多

20 ● 1章　有機化合物の分離，検出，構造解析

種多様な化学的特性をもつため，ここでもそれぞれの性質に応じた検出手法が必要である．また，得られた生成物が本当に目的の化合物なのかを知るためには，分離と検出に加えて，単離された化合物の構造解析(structural determination)を行うためのスペクトル解析が必要である．

　このように，有機合成において目的化合物を得る過程では，計画した反応を行ったあとに，さらにその何倍もの時間を要する，分離，検出，構造決定の過程が必須である．大げさにいえば，合成そのものよりもこれらの過程のほうが重要である場合が多い．とくに医薬品開発などの多種多様で複雑な合成系では，分析にかかわるコストと時間が新薬開発費の大半を占めるといっても過言ではない．そこで本書では，まず最初に，分離，検出，構造決定をするための原理を学ぶ．

1-2　分離

🔍 **KEYWORDS**

単離精製	液／液抽出	分配平衡	定量	定性

🔑 **定性と定量**
定性分析は，化合物を構成する原子，官能基の物理化学的性質を検出し，既知のものと比較して確認するために行う．定量分析は，原子，官能基，物質量などを測定するために行う．通常，有機合成における生成物の確認は，定性分析→定量分析の順に行う．

　もし，複数の化合物が混在する試料のなかから目的の化合物を定量的に検出する方法があれば，分析化学における「分離」は必要ではない．しかし，実際には混合試料中の目的化合物単体の定性・定量は容易ではなく，何らかの手段で分離する必要がある．有機合成反応後における分離では，混在する化合物はまだ限られているが，生体試料や環境試料を扱う場合には，非常に多くの共存成分があるため，さまざまな分離技術が発展してきた．また有機合成反応では，未反応物と反応中に生成する副生成物や目的化合物の構造が大きく変化しない場合が多く，それらを見分けることが難しい．そのため定性よりもむしろ単離精製が重要であり，そのためにも目的化合物のみを完全に分離できる手法が求められる．

　有機合成反応後における最もわかりやすい分離手法は，上記でも少し触れたように蒸留と再結晶である．ただしこれらの手法は，それぞれ沸点の違いと，溶媒への溶解度の違いを利用したものであるため，粗い分離はできても，精密な分離はできないことは容易に想像できる．そのためまず汎用的に用いられるのが，液／液抽出である．たとえば，目的化合物を含む水溶液中から有機化合物を抽出する場合には，水と溶けあわない有機溶媒（たとえばエーテル）を分液ロートに加えたあと，水と有機溶媒の2相を激しく混ぜ合わせ，有機化合物の溶解度の違いによって，脂溶性の高い有機化合物は有機溶媒相に，金属触媒や塩は水相に分配される．この分配は，化学反応における平衡定数と同様に扱うことができ，次のとおり目的化合

物 A の 2 相に対する分配係数 K で決定される.

$$K = [A]_{有機} / [A]_水 \tag{1-1}$$

（$[A]_{有機}$，$[A]_水$ はそれぞれ有機溶媒相と水相での目的化合物の濃度を表す）

このように，簡単な分配平衡を使えば，一度に大量の目的化合物を水溶性のほかの成分から分離できる．しかし当然のことながら，この操作だけで合成した化合物を完全に分離できるわけではなく，脂溶性の化合物はすべて有機溶媒相に存在するため，さらなる分離が必要である.

例題

水に溶解した比較的極性の低い化合物を，クロロホルムを用いて液／液抽出するとき，(a)300 mL の溶媒で 1 回，(b)100 mL の溶媒を 3 回，いずれが効率的か答えよ.

【解答】 (b)

《解説》 液／液抽出における抽出効率は，溶解している物質の 2 相に対する分配係数によって決定される．したがって，大量の溶媒を用いて一度で抽出するよりも，少量の溶媒を複数回用いる方が抽出効率は高くなる.

1-3 クロマトグラフィー

🔍 KEYWORDS

TLC　　HPLC　　GC　　カラム

1903 年にロシア生まれのツヴェット（Michail Tswett）が，現在の分離手法のもとになる**クロマトグラフィー**（chromatography）を発明し，植物色素を分離した．そのときの実験は単純で，炭酸カルシウムを充てんしたガラス管を準備し，ガラス管上部に植物色素を乗せ，石油エーテルを連続的に上から流すことで，色素をきれいに分離した（図 1-1）．これは，炭酸カルシウムと石油エーテルの 2 相に対して，色素成分の分配平衡が起こったために見られた現象であり，固／液分配によるそれぞれの色素成分の移動の遅れが結果的に分離につながった.

このような，混じり合わない 2 相の間で，化合物の分配平衡に基づく移動の違いを用いて分離する手法を総称してクロマトグラフィーと呼び，有機合成の実験室では，ペーパークロマトグラフィー，薄層クロマトグラ

🔑 分配平衡

二つの相が存在する環境にある化合物を加えると，その化合物は二つの相のどちらにも分配される．各相への分配の度合いは，その化合物と 2 相の化学的性質に依存し，一定の分配状態で平衡に達する.

🔑 クロマトグラフィーの語源

「色」の意味の Chroma と「記録」の意味の Graphos の組合せが，Chromatography の語源といわれている.

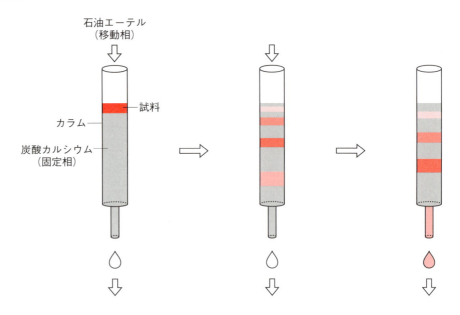

図 1-1 ツヴェットが行ったクロマトグラフィー
1903年にツヴェットが初めて行ったクロマトグラフィー実験の様子.

フィー，カラムクロマトグラフィーを用いて生成物の分離を行う．その後，後述のさまざまな方法を用いて検出を行う．

分離と検出が一体となった高度な分離検出機器として，ガスクロマトグラフィー，(高速)液体クロマトグラフィー，超臨界クロマトグラフィーなどがよく用いられる．

1-3-1 薄層クロマトグラフィー

有機合成を行う実験室で，反応の進行を確認するために最も頻繁に用いられるのが，薄層クロマトグラフィー(thin-layer chromatography)である(図1-2)．通常は，英語の頭文字を取って，TLCと略されることが多い．支持体上に薄層の固定相(一般的にはシリカゲル)を塗布したTLCプレートの一端を展開槽中の溶媒(展開溶媒)に浸し，展開溶媒とともに試料が移動する際，溶媒と固定相との間の分配により試料が分離され，展開距離の違いによって化合物を分離するというのが，TLCの基本原理である．シリカゲルを固定相に使う場合には，極性(分極率，親水性)の低い化合物は移動が速くなる．TLCの評価には，一般的に以下に示すR_f値が用いられる．

R_f値＝原点から試料スポット中心までの距離(Z_x)／原点から展開溶媒先端までの距離(Z_f)

TLCにおける試料の検出

一般的に紫外線吸収をもつ化合物は，紫外線照射による検出が使用される．そのため，254 nmあるいは366 nmに吸収をもつTLCプレートが汎用される．紫外線吸収をもたない化合物の検出には，ヨウ素の蒸気と接触させてその着色から検出することもある．ほかに，特定の官能基を検出する手法として，ニンヒドリンなどの発色法がある．

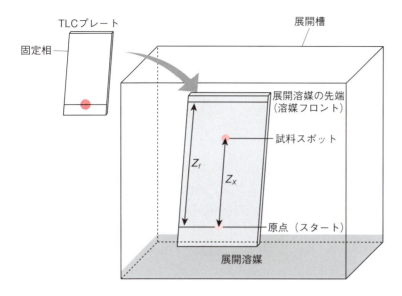

図 1-2 薄層クロマトグラフィー(TLC)
支持体にはガラス,アルミニウム,プラスチックなどが,固定相にはシリカ,アルミナ,ポリアミド,セルロース,珪藻土などが用いられる.

1-3-2 カラムクロマトグラフィー

　TLC はごく少量の試料を分離し,有機合成の原料が反応しているかや,欲しい生成物ができているかを確認するための手段としておもに使われる(一部,分離,精製にも用いられる場合がある).それに対して,反応が完了したあとに未反応物や多種の創生成物から目的化合物を分離するために

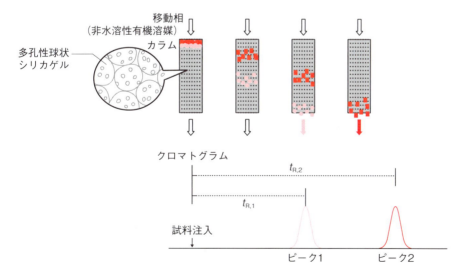

図 1-3 カラムクロマトグラフィー

用いられるのが，カラムクロマトグラフィー（column chromatography）である（図1-3）．通常，多孔性の球状シリカゲル（粒子径10～100 μm）を内径1～5 cm程度のガラス管に充てんし，移動相としてヘキサン，酢酸エチルなどの非水溶性の有機溶媒（多くの場合，混合溶媒）を用いる．分離のメカニズムはTLCと同じく，化合物の極性の違いによって移動速度が異なるため，極性の低い化合物は早く溶出することによる．通常，分離の確認にはTLCを用いる．

移動相と固定相

クロマトグラフィーでは，試料を乗せて移動する相（移動相）が固定化された相（固定相）を通過する際に，分配平衡によって試料はどちらかの相に分配される．移動相が液体の場合は，液体クロマトグラフィー，気体の場合はガスクロマトグラフィーと呼ぶ．

1-3-3　高速液体クロマトグラフィー

通常のカラムクロマトグラフィーでは，移動相をおもに重力に任せて移動させるため，充てんするシリカゲルの粒子径が小さくなると，圧力が上昇する．そのため，機械的に移動相を送液し，さらに分離された化合物を検出するための検出器を含んだ液体クロマトグラフィーのシステムが使われるようになった．1970年代以降からは，送液ポンプ，インジェクター（試料注入），カラムオーブン，検出器の性能の飛躍的な向上と分離カラムの開発，高性能化によって，高速液体クロマトグラフィー（high performance liquid chromatography；HPLC）と呼ばれるようになった（英語と日本語の意味がやや異なるので注意，図1-4）．

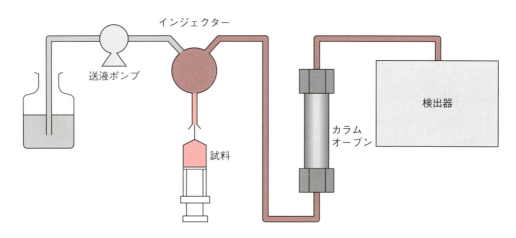

図 1-4　高速液体クロマトグラフィー（HPLC）

HPLCは従来のカラムクロマトグラフィーと比較して，その分離能は格段に向上し，目的化合物や不純物の定量がきわめて短時間で可能となった．また後述のガスクロマトグラフィーとは違い，HPLCでは移動相に溶解する試料であれば，不揮発性であっても測定できるので，原理的にはすべての化合物に適用可能である．とくに高分子を含む水溶性の医薬品などの分

離に有効であるため，製薬メーカーでは必須の分析機器である．HPLCでは，さまざまなパラメータを考慮することで，分離の向上や定量的な解析が可能であるが，本書では有機合成で必要な情報だけを要約する．

　HPLCでは，移動相の種類とカラム充てん剤（固定相）の選択によってさまざまな分離モードがある（表 1-1）．現在，最も広く（全 HPLC 分析の 8 割程度）用いられているのが逆相クロマトグラフィー（reverse-phase liquid chromatography；RPLC）で，移動相に水と有機溶媒の混合溶媒，固定相には極性の低い充てん剤を用いる*．このモードでは，極性の高い化合物から極性の低い（疎水性の高い）化合物の順に試料が溶出する．

*通常，移動相にはメタノール，アセトニトリルなどの水溶性の有機溶媒を用い，固定相には，アルキル鎖（とくにオクタデシル基，C18基）を修飾したシリカゲル，スチレンジビニルベンゼンなどのポリマー系の充てん剤を用いる．

表 1-1　HPLC の代表的な分離モード

分離モード	特　徴
逆相クロマトグラフィー (reverse-phase liquid chromatography, RPLC)	・固定相と移動相間の分配平衡に基づく分離 ・極性の低い固定相と極性の高い移動相 ・移動相にはアセトニトリルやメタノールなどと，水または緩衝液
順相クロマトグラフィー (normal-phase liquid chromatography, NPLC)	・固定相と移動相間の分配平衡に基づく分離 ・極性の高い固定相と極性の低い移動相 ・移動相にはヘキサン，酢酸エチルなどの有機溶媒
親水性相互作用クロマトグラフィー (hydrophilic interaction chromatography, HILIC)	・親水性相互作用（水素結合，静電相互作用など）に基づく分離 ・極性の高い固定相を使用 ・移動相にはアセトニトリルなどと，水または緩衝液
イオン交換クロマトグラフィー (ion-exchange chromatography, IEC)	・陽あるいは陰イオン交換による分離 ・イオン交換基材の固定相と塩を含む移動相
サイズ排除クロマトグラフィー (size exclusion chromatography, SEC)	・分子ふるい作用による分離 ・試料に応じて移動相は多様 ・分子量の大きい順に溶出
疎水性クロマトグラフィー (hydrophobic interaction chromatography, HIC)	・疎水性相互作用に基づく分離 ・疎水性の固定相と高塩濃度水溶液からなる移動相 ・とくにタンパク質の分離に有効
アフィニティクロマトグラフィー (affinity chromatography)	・生体由来（タンパク質等）の分子認識に基づく分離 ・高い分離選択性
キラル分割クロマトグラフィー (chiral separation chromatography)	・光学分割可能な特殊な基材による分離

例題

HPLC において，逆相モードでは低極性溶媒が，順相モードでは高極性溶媒が，それぞれ溶出力が強くなる理由を答えよ．

【解答】 逆相モードでは，固定相にオクタデシル基修飾型シリカゲルなどの極性の低い分離剤が用いられる．試料は，極性が低いほど固定相に分配されるため，移動相の極性が低くなると，移動相への分配が大きくなり，結果的に溶出力が高いと考えることができる．逆に，順相モードでは，固定相が高極性であるため，極性溶媒を用いることで，溶出力を高めることができる．

コラム　HPLC のさまざまな分離モード

　HPLC のその他の分離モードを紹介しておこう．陽イオン，陰イオンそれぞれのイオン交換モードは，RPLC では分離が困難な生体由来の化合物を含む混合試料の分離に用いられており，化学構造内のイオン性の官能基の違いによって分離できる．また RPLC に対しての順相クロマトグラフィーでは，RPLC とまったく逆の理論で，極性の低い移動相と極性の高い固定相を用いる（カラムクロマトグラフィーと同じ）．

　近年では親水性クロマトグラフィー(hydrophilic interaction liquid chromatography；HILIC)と呼ばれる分離モードの利用が拡大している．分離のメカニズムや溶出順は順相系に近いが，水系の移動相を用いるため，とくに生体関連試料の分離において利用されている．HILIC は水系でありながら揮発性の有機溶媒を多く含む移動相を用いるため，質量分析計(1-5 参照)との組み合せによって高感度分析を実現でき，ここ20年で飛躍的に普及している．

　このほかの特殊な分離モードとして，サイズ排除クロマトグラフィー(size-exclusion chromatography；SEC)やゲルろ過クロマトグラフィー(gel-permeation chromatography；GPC)がある．分析試料の固定相への分配がない条件でクロマトグラフィーを行い，分子の大きさ(分子量)の違いのみで分離を行うため，とくに高分子量のポリマーの分離によく用いられる．また化学的な性質がまったく同じである鏡像異性体の分離には，固定相にも不斉炭素を被覆した充てん剤を用いることがあり，アミノ酸関連の分離，医薬品の分離に応用されている．

　有機合成の研究室ではこれらの複数の分離モードをうまく利用し，目的化合物の性質に応じて，合成物の定量(分析)や合成物の単離(分取)を行う必要がある．

1-3-4 ガスクロマトグラフィー

　移動相に窒素，ヘリウム，アルゴンなどの不活性ガスを用いる**ガスクロマトグラフィー**(GC)は，HPLCよりも古くから有機合成における生成物の分析に用いられてきた(図1-5)．HPLCと比較して分離性能が高く，ランニングコストも安価である．揮発性で熱的安定な化合物しか測定できないという制限はあるものの，有機合成で得られる化合物のほとんどはその制限を満たすために，生成物の確認によく利用される．

　分離におけるHPLCとの決定的な違いは，試料は注入直後に加熱によって気化され，移動相ガスに乗ってカラム内を移動する点である．GCでは，HPLCと同じくシリカゲルや活性炭を用いた充てんカラム，中空キャピラリー内壁にシリコンポリマーなどの液相を塗布したキャピラリーカラム(現在はこちらが主流)がおもに用いられている．前者では気体／固体，後者では気体／液体間への試料の分配によって分離が行われる．また，検出に関してはHPLCとは異なる．古典的な手法としては，熱伝導度の差を検出する熱伝導型検出器(thermal conductivity detector；TCD)や，水素炎中に試料が導入された際のイオン電流の測定(flame ionization detector；FID)が汎用的に用いられている．一方，ガス化した試料は，あるエネルギーを与えると簡単にイオン化するため，質量分析計(1-5参照)との組み合せが最もよく使用されるシステムであり，有機合成で得た化合物を分離，分析するとともに，分子量を測定できるため目的化合物の精製を確認することもできる．

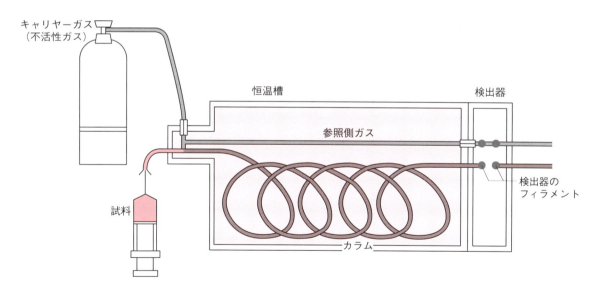

図1-5　ガスクロマトグラフィー(GC)

28 ●1章　有機化合物の分離，検出，構造解析

例題

GC と LC の違いを述べたうえで，GC では分析できない試料を答えよ．

【解答】　ガスクロマトグラフィー（GC）では，試料は加熱によって気化され，移動相ガスに乗ってカラム内で分離される．それに対して液体クロマトグラフィー（LC）では，試料は液体の移動相と固定相への分配の差で分離される．

GC では，塩などを含む不揮発性の化合物や熱に不安定な化合物は，分析することが困難であるが，LC では理論上，移動相に溶解するすべての化合物を分析することが可能である．

1-4　吸収，発光スペクトル解析

🔍 **KEYWORDS**

UV-Vis　　蛍光　　ベール則　　赤外

　前節までで有機合成に必須ともいえる「分離」とそれに付随する「検出」に関する手法をいくつか紹介した．本節では，われわれの目には見えないが複雑な構造をもつ有機化合物を，さまざまな原理に基づいてスペクトルとして可視化する手法を学ぶ．それぞれの分析機器に関する詳細な原理やその応用については機器分析の専門書に譲り，本書では有機合成を行ううえで最低限必要な基礎知識といくつかのスペクトルを組み合わせてできる構造解析の方法を紹介する．

1-4-1　電磁波による測定の原理

　電磁波は，波長が 10^{-11} m の γ（ガンマ）線から 10^{-1} m 程度のラジオ波まで幅広い波長を含んでいる．われわれがよく耳にする X 線，紫外線，可視光線，赤外線などがこの領域に含まれており，これらの電磁波を使うことで有機化合物における原子の結合状態に応じたエネルギーの差や電子の動きを見ることができ，有機化合物中の結合や官能基の情報を簡単に得ることができる（図 1-6）．

　基本的に，原子内の電子はエネルギーが低い軌道から順に配置され，基底状態と呼ばれる状態が最も安定である．基底状態の分子に対して外部からエネルギー（すなわち電磁波）を与えると，電子をエネルギーの高い軌道に移行することができる．これを励起状態と呼び，不安定な状態である．このような電子の配置によって決定される原子，分子のエネルギーの状態

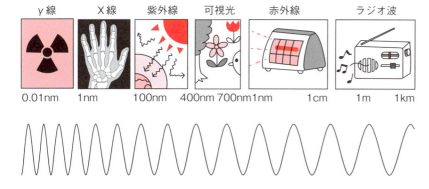

図 1-6　電磁波とその利用

をエネルギー準位と呼ぶ．原子や分子は，エネルギー準位差に相当する電磁波を吸収することでエネルギーの高い励起状態になり，さらにもとに戻るときには，その差分のエネルギーを放出する．電磁波を使った測定では，これらの光エネルギーの吸収や放出を定量的に見ることによって，分子内の原子とその結合状態を解析する．

また，電場と磁場を用いて分子にエネルギーを与えると，目には見えない分子の質量（分子量）が測定できる．さらに，強いエネルギーを加えることによって，細かく切り刻まれた部分構造（フラグメント）の分子量情報を得ることもできる．これとは別に，高磁場を利用することで，有機化合物を構成する水素や炭素の結合情報を得ることもできる．

これらの情報をすべて組み合わせると，まったく未知の有機化合物であっても，完全な化学構造を決定できる．次ページからそれぞれの検出手法の原理とその応用について述べる．

発展　Lambert Beer の式

定量的な考えとして，厚さ b cm の試料にある波長の強度 P_0 の電磁波を照射したとき，通過した電磁波強度が P になった場合，透過度 T は，P/P_0 と考えることができる．このとき，吸光度 (A) と呼ばれる無次元のパラメータを導入し，$A = \log(P_0/P) = -\log T$ とする．また，この吸光度は Lambert Beer によって考案された次式で表すことができる．

$$A = \varepsilon bc \qquad (\text{Beer 則})$$

ここで ε は，化合物固有のモル吸光係数（$\text{mol}^{-1}\,\text{L}\,\text{cm}^{-1}$ もしくは $\text{M}^{-1}\,\text{cm}^{-1}$），$c$ は化合物の濃度を表している．つまり，$-\log T = \varepsilon bc$ となることから，透過度，すなわち複数の濃度の吸光度を測定することによって，試料中の目的化合物の ε の決定や，濃度の測定をきわめて簡便に行うことができる．

30 ● 1章　有機化合物の分離，検出，構造解析

UV-vis 実験上の注意

測定をするための試料セルには，紫外可視光を吸収しない石英ガラス，可視光を吸収しないパイレックスガラスやプラスチックが使われる．また，溶媒も同じく電磁波を吸収しない水，アルコールが好適である．その他，2 成分の会合によって光の吸収が変化する場合には，2 成分の会合状態（何分子どうしが関与しているか）を知るためにも有用な測定法である．

1-4-2　解析手法

(1) UV-Vis

　化合物の定性や濃度測定を行ううえで最も汎用的な測定法が紫外可視（ultraviolet-visible；UV-Vis）分光スペクトル測定であり，有機合成に携わる研究室であれば，紫外可視分光光度計を 1 台は保有しているであろう．紫外可視光の波長領域は，紫外光の約 190 ～ 380 nm に加えて，われわれが認識できる 380 ～ 800 nm 程度（低波長から紫青緑黄橙赤の順でそれ以下を紫外，それ以上を赤外とする）の可視領域も含まれている．

　有機化合物は炭素－炭素結合の様式や置換する官能基の種類によって，吸収する電磁波の波長が異なる．そこで，紫外可視の全領域の波長を含む波長に対して，吸収された光エネルギーを測定すると，それぞれの物質がどの波長に特異的な吸収を示すかがわかる（表 1-2）．

表 1-2　特異的な吸収

官能基	吸収する波長	官能基	吸収する波長
C=C	162/170/174/183 nm	ベンゼン	180/200/255 nm
C=O	180/295 nm	ピペリジン	256 nm
C=S	240/490 nm	ナフタレン	275 nm
−NO$_2$	185/210/278 nm		
−N=N−	< 260/347 nm	C=C−C=C	217 nm

例題

紫外可視吸光光度計を用いて，ある波長で濃度 5.0×10^{-5} M の色素 A 溶液を光路長 1.0 cm のセルを用いて測定したところ，吸光度は 0.60 であった．この波長での色素 A のモル吸光係数を求めよ．

【解答】　1.2×10^{4} M^{-1} cm^{-1}

《解説》　Beer 則　$A = \varepsilon bc$　を用いて，$0.60 = \varepsilon * 1.0 * 5.0 \times 10^{-5}$
よって，$\varepsilon = 12000$

(2) 蛍光分光分析法

UV-Vis と同じく，化学系の研究室でよく用いられるのが，蛍光 (fluorescence；FL)分析である．紫外可視光の吸収とは異なり，紫外光を照射されて基底状態から励起された化合物が，もとの状態に戻る際に発する光を測定するのが蛍光分析の原理である．紫外可視光に比べると分析可能な化合物は限られるが，検出感度は蛍光分析のほうが高く，紫外可視吸収では $10^{-3} \sim 10^{-6} \, \mathrm{mol \, L^{-1}}$ であるのに対して，蛍光では $10^{-9} \sim 10^{-12} \, \mathrm{mol \, L^{-1}}$ 程度でも測定が可能である．

例題

一般的に吸光分析法よりも蛍光分析法のほうが感度が高くなる理由を答えよ．

【解答】 吸光分析は光が試料を通過する際に吸収された光のエネルギーを測定するのに対して，蛍光分析は光を吸収した試料が基底状態に戻る際に発する光を検出する．そのため，蛍光分析においては，わずかな光も検出することが可能となり，結果的に検出感度を高くすることができる．また吸光分析に比べて，蛍光を示す化合物は限られているため，目的化合物を限定できることからも相対的な感度が高くなる．

(3) 赤外分光法

有機合成のほぼすべての反応において，分子内のある官能基が脱離，置換したり，あるいは新たな官能基が付加したり，もしくは炭素の単結合が二重結合へ変換されたりして，分子内の結合状態が変化する．このような変化を測定するうえで，赤外分光法はきわめて有用である．

分子が赤外光を吸収する条件は，分子内の双極子モーメント(極性の偏り)が「変化」しなければならない(図1-7)．簡単な例でいえば，窒素分子の分子構造は N≡N であり，双極子をもたないため赤外吸収を示さないが，二酸化炭素や水は電子が酸素原子側に引き寄せられ，結合間に伸縮振動があるため赤外吸収を示す．二酸化炭素は O=C=O で表され，一見すると双極子モーメントの変化がないように見えるが，常に一定の双極子を維持しているわけではなく，わずかな伸縮振動と，炭素原子に対して酸素原子が折れ曲がる変角振動があるため，赤外吸収を確認できる(図1-7)．原子団の種類によって，$2 \sim 15 \, \mu\mathrm{m}$ の波長の電磁波に対して固有の吸収を示す．とくに $6 \sim 15 \, \mu\mathrm{m}$ の波長では分子の環境が大きく影響するため，この領域は指紋領域と呼ばれることもある．通常，赤外分光法では，波長でなく波長の逆数である波数で表し，単位としては cm^{-1}* を用いる．一般的な赤外分光法では，$500 \sim 4500 \, \mathrm{cm}^{-1}$ 程度の範囲で測定が行われる(表1-3)．

🔑 試料濃度と蛍光強度の関係

試料濃度と蛍光強度の関係についても，Beer 則のパラメータを使うことができる．すると，蛍光強度 F は，

$$F = \phi I_0 (1 - 10^{-\varepsilon bc})$$

で表される．ここで，ϕ は量子収率と呼ばれる比例定数，I_0 は光源の強度であり，εbc の値が大きい場合には F は一定となり，$F = \phi I_0$ で表されるが，εbc の値が小さい場合には，$F = 2.303 \, \phi I_0 \varepsilon bc$ となり，低濃度では蛍光強度が試料濃度に比例することがわかる．

---

* cm^{-1} はカイザーともいう．

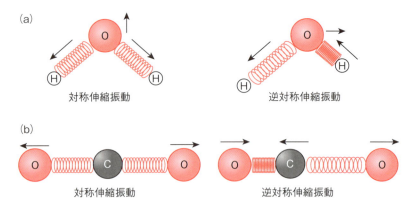

図 1-7 双極子モーメントの変化

発展 FTIR

現在用いられている赤外分光装置のほとんどは,エネルギーの弱い赤外光の強度を増幅した干渉計(とくにマイケルソン干渉計)が用いられており,時間領域のスペクトルであるインターフェログラムを得る.さらに,フーリエ変換という数学的な計算によって,目的とする赤外スペクトル(波数に対して赤外吸収強度をプロットした絵を得ることができる.ほとんどの場合,フーリエ変換赤外(Fourier Transform Infra-Red)分光装置にちなんで,FTIR と呼ばれている.

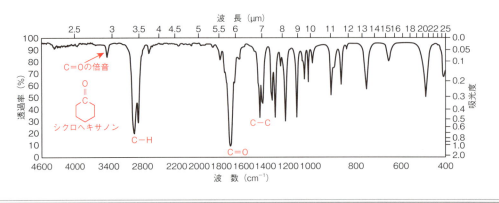

1-4　吸収，発光スペクトル解析　● *33*

表 1-3　おもな官能基の赤外吸収

官能基	吸収位置（cm⁻¹）	強度	
C−H	2980 〜 2850	m 〜 s	（伸縮）
C−H	1480 〜 1420	m	（変角）
=C−H	3150 〜 3000	m	（伸縮）
C=C	1680 〜 1620	m 〜 w	（伸縮）
（シス二置換アルケン R,H/H,R 構造）	980 〜 960	S	（面外変角）
（二置換アルケン R,R/H,H 構造）	730 〜 665	S	（面外変角）（幅広く変動大）
≡C−H	3350 〜 3300	s	（伸縮）
C≡C	2260 〜 2100	m 〜 w	（伸縮）
O−H	3550 〜 3300	br, s	（伸縮）
C−O	1150 〜 1050	s	（伸縮）
N−H （第一級アミンは2本，第二級アミンは1本）	3500 〜 3100	br, m	（伸縮）
C−N	〜 1200	m	（伸縮）
C≡N	〜 2250	s	（伸縮）
（ベンゼン環）	3080 〜 3020	m 〜 w	（=C−H 伸縮）
	1600 〜 1580	m 〜 w	（C=C 伸縮）
（エステル −OR）	1750 〜 1735	s	（C=O 伸縮）
	1300 〜 1000	s	（C−O 伸縮）
（カルボン酸 −OH）	1730 〜 1700	s	（C=O 伸縮）
	3200 〜 2800	s, br	（O−H 伸縮）
（酸クロリド −Cl）	1820 〜 1770	s	（C=O 伸縮）

強度は代表的化合物の平均値．共役により二重結合の伸縮振動の波数は約20cm⁻¹
低くなる．m＝中程度，s＝強，w＝弱，br＝幅広

例題

下の赤外吸収スペクトルは化合物 C 〜 F のいずれに帰属できるか答えよ．

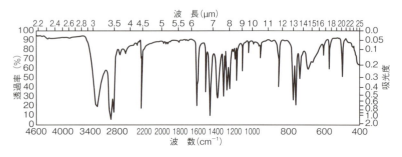

【解答】 F

《解説》 3000 cm^{-1} 付近の幅広の吸収から OH, NH の吸収が考えられるが，これだけでは判断ができない．化合物 C, D はカルボニルをもつが，スペクトルを見ると 1700 cm^{-1} 付近の吸収はもたないことから C, D ではないと考えられる．したがって候補は E か F のどちらかにしぼられる．ここで 2250 cm^{-1} 付近に強い吸収があることから，C≡N 結合が存在すると考えられ，この赤外吸収スペクトルは F のヒドロキシベンゾニトリルのものと考えられる．

1-5 質量分析計

🔍 KEYWORDS

質量／電荷数比　　イオン化法　　同位対比　　フラグメント

1-5-1 分子量測定

　有機合成によって得られた生成物を同定するためには，紫外可視光，蛍光，赤外光の固有スペクトルでは十分ではなく，構成原子の組成が目的化合物と一致するのかを精密に評価する必要がある．その有力な分析手法が質量分析(mass spectrometry．通常 MS)である．MS はその名のとおり，分子の質量(分子量)を測定するための方法であり，きわめて高い精度で分

＊イオンの質量(統一原子質量単位)を m，電子の電荷を ze (z は価数)，磁場半径(cm)を r，磁場の強さ(ガウス)を H，イオン化室における加速電圧(ボルト)を V，イオンの速度を v とすると，

$$m/z = er^2H^2/2V$$

で表され，m/z は，磁場と電圧で制御される．

子の質量を知ることができる．目的の試料を磁場と電場を用いてイオン化させ，**質量／電荷数比**（通常は単位は m/z）*の大きさで分離することで，

発展　構造決定と同位体比

　MSの解析では目的化合物のそのものの分子イオン（親イオン）を決定する以外にも，いくつかの特徴的な解析が可能である．たとえば分子内に含まれる窒素原子に関しては，「窒素ルール」が成立する．同位体の寄与を無視して親イオンの検出分子量が偶数である場合には，窒素原子はゼロもしくは偶数個含まれており，逆に奇数である場合には，窒素原子が奇数個含まれている．また，臭素や塩素などの同位体比が多い原子を含む化合物に関しては，その同位体比に相当する親イオンが検出される．一つの塩素原子を含むクロロベンゼン（C_6H_5Cl）では，^{35}Clに対応する$m/z=112$のピークと^{37}Clに対応する$m/z=114$のピークが，約3:1のピーク強度比で検出される．表に示すように，主要な原子はそれぞれ同位体があり，これらの構成原子に由来する特徴的なピークがMSスペクトル上で見られる場合には，未知化合物の同定に強力な手助けとなる．

おもな元素の同位体とその存在比

元素	質量数	質量	存在比(%)	元素	質量数	質量	存在比(%)
プロトン	1	1.007 27	—	塩素	35	34.968 85	75.78
ニュートロン	1	1.008 66	—		37	36.965 90	24.22
エレクトロン	—	0.000 54	—	アルゴン	36	35.967 55	0.33
水素	1	1.007 82	99.988		38	37.962 73	0.06
	2	2.014 10	0.012		40	39.962 38	99.60
ホウ素	10	10.012 94	19.9	鉄	54	53.939 61	5.84
	11	11.009 31	80.1		56	55.934 94	91.75
炭素	12	12.000 00	98.93		57	56.935 40	2.11
	13	13.003 35	1.07		58	57.933 28	0.28
窒素	14	14.003 07	99.632	臭素	79	78.918 34	50.69
	15	15.000 11	0.368		81	80.916 29	49.31
酸素	16	15.994 91	99.757	ヨウ素	127	126.904 47	100
	17	16.999 13	0.038	水銀	196	195.965 81	0.15
	18	17.999 16	0.205		198	197.966 75	9.97
フッ素	19	18.998 40	100		199	198.968 26	16.87
ケイ素	28	27.976 93	92.230		200	199.968 31	23.10
	29	28.976 49	4.683		201	200.970 29	13.18
	30	29.973 77	3.087		202	201.970 63	29.8
リン	31	30.973 76	100		204	203.973 48	6.8
硫黄	32	31.972 07	94.93	鉛	204	203.973 03	1.4
	33	32.971 46	0.76		206	205.974 45	24.1
	34	33.967 87	4.29		207	206.975 88	22.1
	36	35.967 08	0.02		208	207.976 64	52.4

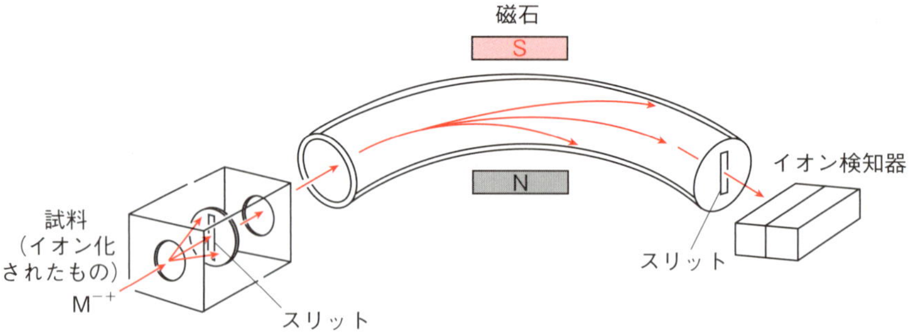

36 ● 1章　有機化合物の分離，検出，構造解析

図 1-8　質量分析計(MS)

その物質の分子量情報を得るというのが基本的な原理である(図 1-8).

　質量分析では，検出目的の化合物の種類よってさまざまイオン化が利用されており，一般的には電子イオン化法(EI)，化学イオン化法(CI)などが用いられる．これらのイオン化法は，とくに GC の検出器として汎用的である．また，エレクトロスプレーイオン化法(ESI)は揮発性の溶媒とともに試料をスプレーし，高電圧下でイオン化させることで，イオンを得る．この手法は，揮発性物質でなくても容易にイオンを得ることが可能で，HPLC で分離された物質の検出器として広く普及している．

　MS は，以前は低分子(分子量 2000 程度が限界)にしか使えなかったが，**マトリックス支援レーザー脱離イオン化法(matrix assisted laser desorption ionization；MALDI)の**という手法の開発によって，レーザー光によってイオン化されやすい化合物(マトリックス)に混合したタンパク質などのイオン化が可能になった．この業績が評価され，2001 年に島津製作所の田中耕一氏がノーベル化学賞を受賞した．

1-5-2　分子構造解析

　さらにもう一つの非常に重要な MS 解析のツールが，フラグメンテーションの解析である．上記のとおり，MS のイオン化では目的分子にエネルギーを与えて(電子やイオンをぶつけて)，親イオンを得ることができる．しかし，すべての化合物が親イオンの状態で安定ではなく，弱い結合をもつ化合物では，一部の結合が開裂して分裂し，本来の親イオン*より小さい質量電荷数比を与える場合がある．この現象がフラグメンテーションである．

　たとえば結合が開裂してより小さい分子量が検出される場合，メチル基では 15，アミノ基では 16，水分子では 18，フッ素では 19 小さく検出される．このため，親イオンを検出したい場合には，分子の安定性を考慮して，フラグメンテーションを起こしにくいイオン化法を選択する必要があ

*分子量 M の化合物がイオン化され，M^+ あるいは，$[M+H]^+$，$[M-H]^-$ として検出されるイオンを親イオンあるいはプリカーサイオンといわれる．

る．一方で，未知化合物の同定を考えた場合には，あえてフラグメンテーションを有効に利用することができる．結合が弱い官能基が順に開裂していくとすれば，減少した分の分子量に相当する官能基などをパズルのように組み合わせると，化合物の構造を推定できる(図1-9)．さらにこれを発展させると，タンパク質のような複雑な高分子化合物を考える場合には，あらかじめ消化酵素でペプチドにしたのち，次にフラグメンテーションを解析することで，巨大分子のジグソーパズルを完成させると，タンパク質の構造が推定でき，過去の研究から得られたデータベースと照会させることで，既知タンパク質であれば同定することが可能である．

このように，MSはUV-Vis，FL，FTIRと比べて分子構造決定の定量的な情報を得ることができるため，有機合成における生成物の同定には必要不可欠である．

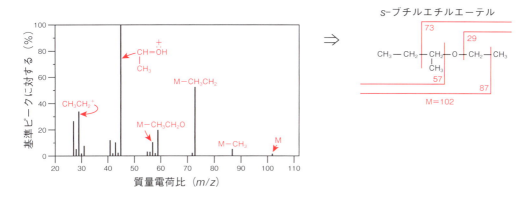

図1-9 フラグメンテーション解析の例

例題

BrやClの同位対比は特徴的である．Brを2原子，Clを2原子，BrとClを含む分子で観察される分子イオンピークの同位体パターンについて，下記表の空欄を埋めよ(ただし，Brの同位体組成を $^{79}Br:^{81}Br=1:1$，Clの同位体組成を $^{35}Cl:^{37}Cl=3:1$ とする)．

※ Aは最も小さい質量を示す．

	A	A+2	A+4
Br	1	1	------
Cl	3	1	------
Br₂	(　)	(　)	(　)
Cl₂	(　)	(6)	(　)
BrCl	(3)	(　)	(　)

38　1章　有機化合物の分離，検出，構造解析

【解答】
左から　Br₂：1, 2, 1
　　　　Cl₂：9, (6), 1
　　　　BrCl：(3), 4, 1

1-6　核磁気共鳴

🔍 KEYWORDS

核スピン　　化学シフト　　カップリング　　二次元NMR

MSと並んで有機合成における生成物の同定に絶対に欠かせない分析方法が核磁気共鳴(nuclear magnetic resonance；NMR)である．本書では，NMRの物理的な原理をすべて紹介することはできないが，ごく簡単な原理と解釈について述べる．

発展　NMRの原理

外部磁場が存在しない環境では，原子核は任意の磁気モーメントをもつが，外部磁場におかれると，その磁場と平行スピン，αスピンと逆平行スピン，βスピン(高エネルギー状態)になり(図1-13)，エネルギー差ΔEは，$\Delta E = h\gamma B_0/2\pi = h\nu$で表される(ここで$h$はプランク定数，$\gamma$は磁気回転比，$B_0$は外部磁場強度，$\nu$は周波数を意味する)．すなわち，外部磁場強度と周波数を制御することで，すべてのスピンをエネルギーの高い逆平行スピンに励起する．そこから，信号強度が減衰する自由誘導減衰曲線がえられ，最後にフーリエ変換を用いることで，原子核の環境に応じたそれぞれの原子核情報を得ることができ，分子内に存在するすべての情報を組み合わせることで，NMRスペクトル獲得できる．同位体の存在比や有機化合物の構成原子を考慮して，有機化学において最もよく用いられる原子核は¹Hと¹³Cであるが，同位体の存在を考えるとほぼすべての元素についてNMR測定が可能である．

外部磁場のないとき

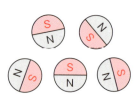

外部磁場B_0が加わったとき

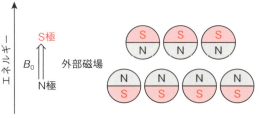

1-6 核磁気共鳴 ● *39*

表 1-4　おもな官能基におけるプロトンの化学シフト

化学シフト(δ)

官能基	5		4		3		2		1		0
M−CH$_2$R							● ●	○ ○	▮		
M−C=C					● ●	○ ○	▮				
M−C≡C				● ●		○ ○	▮				
M−〈benzene〉				● ●	○ ○	▮					
M−F	● ●	○ ○ ▮									
M−Cl		● ●	○ ○ ▮								
M−Br		● ●	○ ○ ▮								
M−I		● ●		○ ○ ▮							
M−OH		● ●	○ ○ ▮								
M−OR		● ●	○ ○ ▮								
M−C(=O)−H				● ● ○ ○ ▮							
M−C(=O)−R				● ● ○ ○ ▮							
M−C≡N			● ●	○ ○ ▮							
M−NH$_2$			● ●	○ ○ ▮							
M−NR$_2$			● ●	○ ○ ▮							
M−NO$_2$		● ● ○ ○ ▮									

▮ は CH$_3$, ○ は CH$_2$, ● は CH の化学シフトを表す.

　陽子数と中性子数がともに偶数ではない原子核(原子番号か質量数のいずれかが奇数)では，電荷をもつ粒子である原子核(詳細は 3 章で述べる)が回転することで，磁気モーメントが発生する．つまり，原子をきわめて小さな磁石とみなすことができる．そこに磁場をかけることにより，それぞれの原子核の情報が得られる．

(1) 化学シフト

　では，NMR ではどのような定量的な情報が得られるのであろうか．通常，測定している核の結合状態に応じて吸収するラジオ波の周波数が異なるため，測定から得られる NMR スペクトルに反映される．この違いを

40 ● 1章　有機化合物の分離，検出，構造解析

NMR では化学シフト（Chemical shift，日本語でもケミカルシフトと呼ぶ
ことも多い．δ で表す）として示す（表 1-4）．さまざまな磁場や周波数の装
置で統一したスペクトルが得られるために，これらのパラメータを打ち消
した ppm（parts per million）を用いるのが一般的である．$\delta = [(H_s - H_r)] / (H_s) \times 10^6$ で表される（H_s は基準化合物の核に共鳴を起こすために必要な
磁場強度，H_r は試料の核の共鳴に必要な磁場強度である）．通常，
^{1}H-NMR の基準化合物としてはテトラメチルシラン（TMS）が用いられる．

　化学シフトが観測される原因は，原子核の周囲を回転している電子が作
る磁場によって起こる磁気的な遮へいである．つまり，外部磁場の強さが
周囲の電子によって弱められることを意味しており，電子密度の低い核ほ
ど低磁場（高周波数）側で観測されることになる．TMS のメチル基にある
水素核の電子密度は非常に高く，TMS を基準（ゼロ）とすることで，上式
における $[(H_s - H_r)]$ は正の値となり，ほぼすべての水素核の化学シフトは
正の値として検出できる．また，^{1}H 核を測定するために，溶液の測定では，
重水素（^{2}H, Deuterium, D と略記）化溶媒を用いることを NMR の常識と
して覚えておくとよい．さらに便利なことに，スペクトル上に現れるピー
クの面積は，同じ環境にいる水素核の数と比例関係にあり，スペクトル上
の核ピークの積分値を比べるだけで，結合している水素核の数を見積もる
ことが可能である．

■ 例題 ■

次の化合物 G ～ J の 1H-NMR の数値を帰属せよ．

G：$Cl_2CH-CHCl-CH_3$,　　　δ　5.89，　4.35，　1.05

H：$BrCH_2-CH_2-CH_2Br$,　　δ　3.57，　2.33

I：$ClCH_2-CH(OCH_3)_2$,　　　δ　4.50，　3.55，　3.44

J：$(CH_3)_2CH-CH_2I$,　　　　δ　3.17，　1.73，　1.02

【解答】

G：$Cl_2CH-CHCl-CH_3$,　　　順に　5.89，　4.35，　1.05

H：$BrCH_2-CH_2-CH_2Br$,　　順に　3.57，　2.33，　3.57

I：$ClCH_2-CH(OCH_3)_2$,　　　順に　4.50，　3.55，　3.44

J：$(CH_3)_2CH-CH_2I$,　　　　順に　1.02，　1.73，　3.17

《解説》　化合物 G では，Cl の置換によって同じ炭素に結合する H のケミ
カルシフトは低磁場にシフトするため，Cl の置換数に応じてケミカルシ
フトは高くなる．化合物 H についても同様である．

化合物 I については，表 1-4 より Cl が結合することでエーテルが結合し

た場合よりもケミカルシフトが高くなる．

化合物Hでは，第二級，第三級の順に炭素に結合した水素のケミカルシフトが大きくなるが，ヨウ素が結合した場合は，さらにケミカルシフトが大きくなることに注意したい．

---

(2) カップリング

ここまでで，NMRを用いることで分子内の結合状態に応じた核の化学シフトが検知できることがわかった．しかし，これだけでは構造を決定するには不十分である．NMRで測定されるピークは，周りの環境によって単線から多重線まで複雑である．これは，観測対象の核(たとえば水素核)のごく近傍に異なる化学シフトをもつ核が存在するからである．

それぞれの核はα，βの二つのスピンをもつ(コラム　NMRの原理参照)．たとえばメチル基(CH_3)の隣にメチレン基(CH_2)が結合した場合，メチル基の同環境の三つの水素核は，メチレンにある二つの水素核のα，βスピンによって磁場が変化し，$\alpha\alpha$，$\alpha\beta$，$\beta\alpha$，$\beta\beta$の4種類の影響を受けることになる(カップリング)．ここで，$\alpha\beta$と$\beta\alpha$は同じであるとすると，メチル基のピークは3重線(トリプレット)として検出され，その強度比は，1：2：1となる(図1-10)．一般的に^1HのNMRスペクトルは，隣にn個の等価な水素核(測定対象水素核が結合している炭素の隣の炭素に結合している水素核)が存在すると，そのピークは$(n+1)$本観測される(図1-11)．たとえば，ヨウ化エタンのスペクトルでは，メチル($-CH_3$)，メチレン($-CH_2-$)の水素はスピン－スピン結合しており，それぞれ，3重線，4重線で表れる(図1-12)．また，ピーク強度比は，パスカルの三角形(図1-13)における横一列の数の比と同じである．

では，もっと複雑な分子の場合はどうだろうか．つまり，等価ではない水素核が複数隣接する場合には，どのように考えればよいだろうか．これも答えは同じであり，$n+1$の規則が適用できる．たとえば，両隣に異なる環境の水素核，H_aとH_bが存在する場合には，H_aによって分裂したピークが，H_bによってさらに分裂する．したがって，4重線が観測されるこ

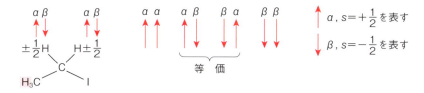

図1-10　核スピンの組み合わせ
核スピンの組み合わせは4とおりあり，そのうち二つは等価である．

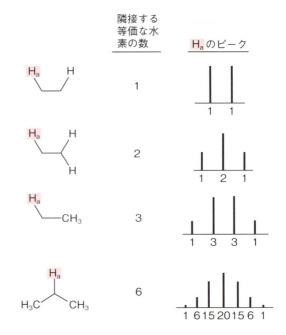

図 1-11　等価な水素核の数とピークの数

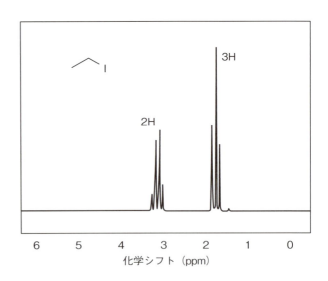

図 1-12　ヨウ化エタンの ¹H-NMR スペクトル

とになる．

このような解析を繰り返すことで，水素核の連続した情報を獲得でき，分子内で水素原子がどのように分布しているかを推定できる．本書では，NMR の基本的な原理と解析について述べたが，このほかにも，¹H-¹H,

1-6 核磁気共鳴

```
                    1
                  1   1
                1   2   1
              1   3   3   1
            1   4   6   4   1
          1   5  10  10   5   1
        1   6  15  20  15   6   1
      1   7  21  35  35  21   7   1
    1   8  28  56  70  56  28   8   1
  1   9  36  84 126 126  84  36   9   1
1  10  45 120 210 252 210 120  45  10   1
```

図 1-13　パスカルの三角形

$^{13}C-^{1}H$, $^{13}C-^{13}C$ の二次元 NMR 解析や空間的な相互作用の測定，固体 NMR など非常に多岐にわたる測定法があり，質量分析から得た分子量を勘案すれば，NMR 測定によってまったく未知の化合物であっても，立体異性体を含めた完全の化学構造を決定できるきわめて優れた分析法である．

例題

化合物 K（分子式 C_4H_9Cl），化合物 L（分子式 $C_3H_6Cl_2$）の ^1H-NMR スペクトルが下のように得られた．それぞれの構造を決定せよ

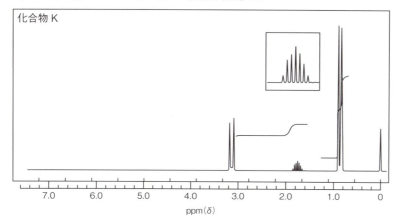

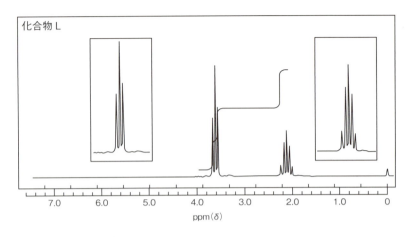

【解答】 化合物 K　CH(CH$_3$)$_2$-CH$_2$Cl　　化合物 L　CH$_2$Cl-CH$_2$-CH$_2$Cl

《解説》 化合物 K（C$_4$H$_9$Cl）には以下の4種類の異性体がある．
CH$_3$-CHCl-CH$_2$-CH$_3$　　CH$_2$Cl-CH$_2$-CH$_2$-CH$_3$　　CH(CH$_3$)$_2$-CH$_2$Cl
CCl(CH$_3$)$_3$
化合物 K のスペクトルから，3種のプロトンが存在し，その積分値は 1:2:6 と見積もることができる．また，3.2 ppm，0.9 ppm のピークが 2 重線であることから，化合物 K は，CH(CH$_3$)$_2$-CH$_2$Cl と推定できる．
化合物 L（C$_3$H$_6$Cl$_2$）には以下の4種類の異性体が存在する．
CH$_3$-CHCl-CH$_2$Cl　　CH$_3$-CCl$_2$-CH$_3$　　CH$_2$Cl-CH$_2$-CH$_2$Cl
CHCl$_2$-CH$_2$-CH$_3$
化合物 L のスペクトルから，2種のプロトンが存在することから，化合物 L は CH$_2$Cl-CH$_2$-CH$_2$Cl と予想できる．さらに多重線からも確認できる．

1-7　単結晶 X 線回折

🔍 KEYWORDS

回折格子　　単結晶　　原子間距離　　ブラッグ反射

　これまで学んだスペクトル解析では，有機化合物の定性，定量的な分子構造に基づく情報を得ることが可能であった．最後に，有機化合物を構成する原子がどのような三次元的な並び方をしているのかを調べる解析法を紹介する．波長と電磁波の種類についてはすでに述べたが，UV-Vis や FTIR においては，回折格子を利用した光の干渉を用いる．一方，波長が 1 pm ～ 10 nm（0.01 ～ 100Å）程度の電磁波である X 線は，紫外から赤外

光に比べ，波長が短く，エネルギーが高い．そのため，X線の回折を利用するには，どんな微細加工技術を用いても回折格子を作製することは不可能で，実はこの領域の電磁波が回折を起こすには，分子を構成する原子間距離が最適な距離である．

その原理は**ブラッグ反射**として知られている（図 1-14）．図のとおり，結晶面の間隔を d とし，入射角を θ とすると，表面で反射される X線と2番目の結晶面で反射される X線の行路差は，$2d\sin\theta$ である．このときの干渉波を測定することで結晶面の距離を算出できる．単結晶化できることが条件ではあるが，単結晶 X線回折を用いれば，結晶を構成する原子の三次元的な配置とその距離を容易に知ることができる．また，同手法はタンパク質の単結晶構造解析にも応用されている．

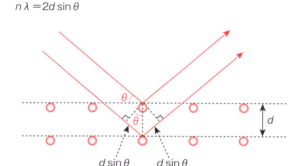

図 1-14 ブラッグ反射

章末問題

1 クロロホルムに溶解した酸性物質を水で抽出するとき，水は pH＝3と pH＝9 のいずれの条件が効率的か答えよ．

2 逆相モードでの HPLC 分析において，ベンゼン，トルエン，フェノールを分析した場合の溶出順序を答えよ．また，順相モードでのベンゼン，アニリンはどちらが強く保持されるか答えよ．

3 ある波長でモル吸光係数 $1.50\times10^3\,\mathrm{M^{-1}\,cm^{-1}}$ の色素 B 溶液を光路長 2.0 cm のセルを用いて測定したところ，透過率が 35％であった．色素 B の濃度を求めよ．

4 次の5種の赤外スペクトルは，カルボン酸，アルデヒド，エステル，ケトン，酸無水物のいずれかである．どのスペクトルがこれの官能基に対応するか答えよ．

46 ● 1章　有機化合物の分離，検出，構造解析

1
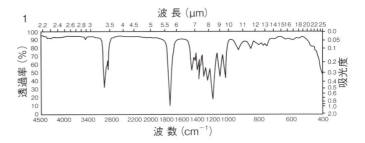

2
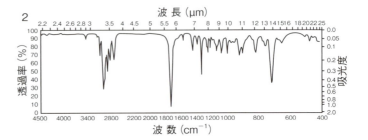

3
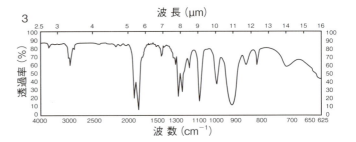

4
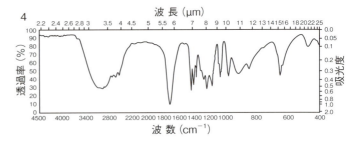

5
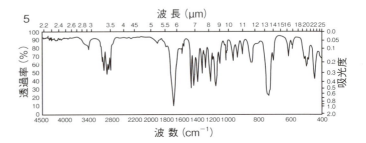

5 以下に示すMSスペクトルは，ジエチルエーテルおよびベンジルメチルケトンの測定結果である．スペクトル中に示されている数値について，推定されるフラグメントイオンを示せ．

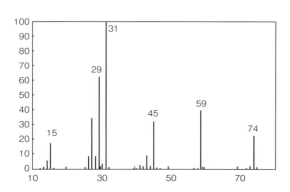
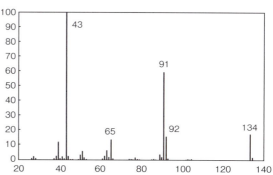

6 1-chloro-3-methylbutane［ClCH$_2$-CH$_2$-CH(CH$_3$)-CH$_3$］，1-chloro-2-methylbutane［ClCH$_2$-CH(CH$_3$)-CH$_2$-CH$_3$］の^{1}H-NMRを測定したとき，各ピークのスピン–スピン相互作用について説明せよ．

7 a, bはいずれもジクロロプロパンである．次の^{1}H-, ^{13}C-NMR（溶媒はCDCl$_3$）スペクトルから，構造を決定せよ．

 a ^{1}H-NMR：δ 82.19 ppm(s)
  ^{13}C-NMR：δ 39.4 ppm(2C), 86.5 ppm(1 C)

 b ^{1}H-NMR：δ 1.62 ppm(3H, d), 3.58(1H, dd), 3.77 ppm(1H, dd), 4.16 ppm (1H, m)
  ^{13}C-NMR：δ 22.4 ppm, 49.5 ppm, 55.9 ppm
 ※(dd), double doublet, (m), multiplet(多重線)

8 化合物MはC, H, Oだけを含み，元素分析の結果，Cが80.02％，Hが6.70％であった．また，化合物NはC, H, Nだけを含み，元素分析の結果，Cが71.18％，Hが5.11％，Nが23.71％であった．それぞれの化合物について，下のようなMSスペクトルと赤外スペクトルが得られた．化合物M, Nの構造を決定せよ．

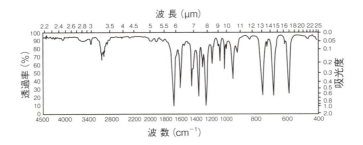

m/z	相対強度
120	29
105	100
78	10
77	88
51	40
50	21
43	17
39	9

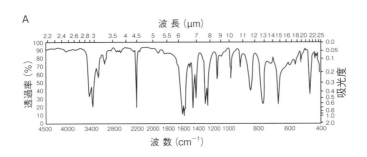

m/z	相対強度
119	9
118	100
117	5
96	20
90	7
64	8
63	6
39	5

9 分子量が150の化合物P, Qは，いずれもC, H, Oだけを含み，元素分析の結果，いずれもCが63.14％，Hが5.31％であった．また，触媒を用いた水素化反応によって，いずれも化合物Rに変換した．それぞれの化合物の赤外スペクトル，^{1}H-NMRスペクトルのデータは下のとおりであった．化合物P, Q, Rの構造を決定せよ．なお，NMRデータの（ ）内の数字は相対的なプロトンの数を示す．

化合物P：IR, 1825 cm^{-1}, 1755 cm^{-1}
　　　　　^{1}H-NMR, δ 1.51〜2.09 ppm（1H), 2.16〜2.71 ppm（1H）

化合物Q：IR, 1845cm−1, 1770cm−1
　　　　　^{1}H-NMR, δ 2.04〜2.91 ppm（2H), 3.14〜3.69 ppm（1H), 5.66〜6.24 ppm（1H）

化合物R：IR, 1825 cm^{-1}, 1786 cm^{-1}
　　　　　^{1}H-NMR, δ 1.11〜2.31 ppm（4H), 3.04〜3.55 ppm（1H）

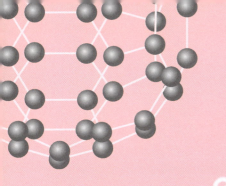

第 2 章
有機化合物の命名法と立体化学
Nomenclature and Stereochemistry of Organic Compounds

到達目標
有機化合物を命名するための基本的ルールを理解するとともに，さまざまな立体化学とその命名法を習得する．

2-1　構造式の書き方

 KEYWORDS

　　命名法　　　化学構造式　　　ダッシュ式　　　結合・線式
　　不斉炭素原子　　　立体化学

　有機化学を学ぶにあたり，はじめにいくつかの規則を習得しなければならない．これは有機化学について話すための言語を理解するようなもので，いわば英語を学ぶときのアルファベットや，スポーツをはじめるときのルールを覚えることと同じである．本章では，有機化学を理解するために，化学構造式の書き方，さまざまな化合物の官能基や構造に由来する名称，国際的に定めら化合物の命名法，および立体的な配置を含む異性体の考え方について学ぶ．

　すでに 0 章と 1 章で多くの化合物の構造式を示したが，化学構造の書き方にもさまざまな方法がある．詳しく書こうとすれば，すべての結合の立体的な配置を考慮し，さらにすべての原子の価電子を書かなければならないため，非常に複雑になる．とくに，紙の上で三次元的な立体を表すのは簡単ではない．そこで，簡略化された構造式の書き方がいくつか用いられている．

最もなじみがあるのは，すべての結合を直線で表すダッシュ式である．例として，1-ブタノールをダッシュ式で示した(図2-1a)．一見すると違う構造であるかのような錯覚に陥るが，実際には炭素－炭素結合は自由に回転できるため，三つはすべて同じ化合物を表している．直線を用いる方法でも，すべての結合(価標)を記載するのは手間である．そこで，もう少し簡略化した構造式を用いることもある(図2-1b)．この簡略化式では，炭素に結合している水素原子はすべて炭素のすぐうしろに続けて記載する．また，炭素－炭素結合も省略する．ただし，不斉炭素が含まれる場合には，その立体を示すくさび形表記を用いなければならない(後述)．

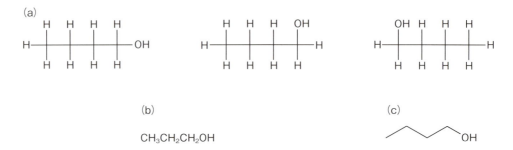

図 2-1　1-ブタノールを表す化学式
(a)ダッシュ式，(b)直線を省略した書き方，(c)炭素原子を省略した書き方(結合・線式)

高校までは，上で示した直線式や簡略化式を用いることが多かったが，有機化学者が最もよく使うのはすばやく書くことができる結合・線式である(図2-1c)．有機化合物は基本的に炭素原子を含むので，炭素原子のCをすべて省略し，さらに三次元構造を示すために必要な場合を除いて水素原子も省略され，各炭素原子の原子価数を満たすために必要な水素は表記しない．このとき，炭素－炭素結合は単なる実線で表されるため，単純な炭化水素は実線のみで書くことになる．一方，炭素原子に結合する水素原子以外の原子や官能基はすべて炭素原子から実線を介して，完全に表記しなければならない．このとき，たとえばヒドロキシ基-OHやアミノ基-NH$_2$のように炭素原子に結合していない水素原子がある場合には，水素原子も表記することに注意が必要である．

ここでは，立体を示すために最もよく用いる三次元式についてのみ示す＊．ここまでに述べた構造式では，原子の三次元的な，空間的な配置は表せない．そこで，不斉炭素原子をもつ化合物はくさび形表記で表す．くさび形表記では，紙面に無理矢理立体的な解釈を導入するために，紙面から手前に出ている結合を実線のくさび(▬)，紙面から奥に出ている結合を点線のくさび(⋯⋯)で表す．また，紙面上での結合は単なる実線(―)

＊このほかに，原子の立体的な配置を示すための構造式の書き方があるが，その詳細は立体化学のなかで説明する．

不斉炭素原子
結合した四つの原子あるいは官能基がすべて異なる炭素原子．グリシンを除くアミノ酸は，炭素原子にカルボキシ基，アミノ基，水素原子とその他の原子団が結合しており，アミノ酸の炭素原子は異なる四つ結合をもつ不斉炭素原子であるといえる．

で表す(図2-2). ここで実線二本が平面を表わすので，炭素原子を中心として四面体形の立体構造を描くことができる. 実線の結合は約109°で書き，次に実線と点線のくさびを近くに配置することで，三次元の形を示す.

このように，有機化合物の構造式の書き方にはいくつかの簡略化された方法があるが，必要に応じて使用すればよい. 単結合のみを例に挙げたが，二重結合，三重結合を示す場合にはそれぞれ＝と≡を用いるだけでその他のルールは同じである(図2-3).

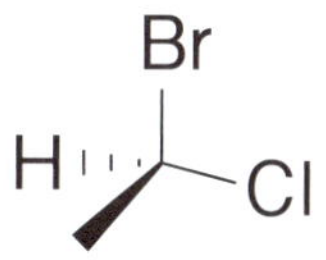

図 2-2 立体的な配置も考慮した書き方

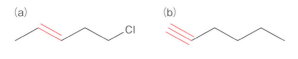

図 2-3 二重結合，三重結合の表記例

2-2 有機化合物の種類，官能基

🔍 KEYWORDS

炭化水素　　官能基　　骨格

化合物の名称を決定するには，官能基の呼び方と官能基に由来する有機化合物のグループ分けについて知らなければならない. 一般的に，有機化合物は炭素を中心として，酸素，窒素，硫黄，ハロゲンなどが複雑に組み合わさって構成されている. これらを分類するのに都合がよいのが，官能基と呼ばれる原子団である. 酸性と塩基性，親水性と疎水性などのそれぞれの官能基がもつ性質から，化合物の化学的性質も推定することができる.

2-2-1 炭化水素

文字どおり炭素と水素だけで構成されている化合物を総称して炭化水素(hydrocarbon)と呼ぶ. したがって，すべての炭化水素の分子式は C_xH_y で表される. 単結合のみで構成される炭化水素を飽和炭化水素と呼び，アルカン(alkane)に分類される. また，多重結合を含む炭化水素を不飽和炭化水素と呼び，炭素−炭素二重結合をもつものをアルケン(alkene)，炭素−炭素三重結合をもつものをアルキン(alkyne)と分類する.

鎖状の飽和炭化水素の分子式では，$y = 2x + 2$ である. シクロヘキサン(図2-4a)のように環状構造をもつ飽和炭化水素では，環の数×2 を $y = 2x + 2$ より差し引く. さらに，ベンゼン(図2-4b)も炭化水素の一つであるが，ベンゼン環を含む化合物は芳香族というグループに属する. ベンゼン環の

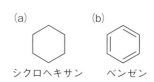

図 2-4 環状の炭化水素

＊この説明には，分子軌道理論(3-4)と共鳴構造(3-2-2)が関与するが，あとの章で詳しく述べる．

炭素−炭素結合の長さは，すべて同じで，単結合と二重結合の中間の長さである＊．

2-2-2 ハロゲン化アルキル

アルカンの水素原子がハロゲン原子(フッ素，塩素，臭素，ヨウ素)で置換された化合物を総称して**ハロゲン化アルキル**(alkyl halide)と呼ぶ．置換されたハロゲン原子の数に応じて，第一級から第三級までのハロゲン化アルキルがある(図2-5)．

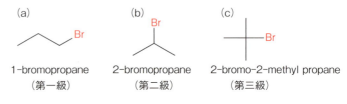

図 2-5　ハロゲン化アルキル

コラム　ダイオキシン

　一般にダイオキシンとは，ポリクロロジベンゾ-パラ-ダイオキシン (polychlorodibenzo-p-dioxin) のことを指し，なかでも，2,3,7,8-tetrachlorodibenzo-p-dioxin (2,3,7,8-TCDD) は人類がつくり出したもっとも毒性の強い化合物ともいわれる．2,3,7,8-TCDD の毒性は非常に強く，モルモットを使った実験では，LD50(半致死量)が 0.6 ～ 2.0 μg/kg と見積もられており，猛毒として知られるサリン(LD50 は 350 μg/kg)と比較しても非常に高い．ベトナム戦争においてアメリカ軍が使用した枯れ葉剤(ハービサイド・オレンジ)に副生成物として含まれており，結果としてベト君・ドク君のような先天性奇形児が多く生まれた．さらに，ダイオキシンは食物連鎖を通して人体に取り込まれ，脂肪組織や乳脂肪に濃縮されることで，さまざまな疾患を引き起こすことも報告されている．

　ダイオキシンは，有機物と塩素系化合物の高温での反応によって容易に生成することから，工場排煙中に高濃度で含まれた事例も多数報告されており，私たちは，環境中のダイオキシン濃度を常にモニタリングする必要がある．

ポリクロロジベンゾ-パラ-ダイオキシン　　2,3,7,8-TCDD　　サリン

2-2-3 アルコール，フェノール

炭素原子に対して，ヒドロキシ基(水酸基，-OH)が結合している化合物は一般的にアルコール(alcohol)に分類される．とくに，ベンゼン環にヒドロキシ基が置換した化合物はフェノールに分類される．われわれがよく知るエチルアルコール(エタノール，お酒)は，エタン(C_2H_6)の一つの水素原子がヒドロキシ基に置換した構造である(図2-6a)．ハロゲン化アルキルと同じように，置換したヒドロキシ基の数によって，第一級から第三級までのアルコールがある．また，潤滑剤や保湿剤としてよく用いられるグリセリンはプロパン(C_3H_8)の三つの炭素に一つずつヒドロキシ基が置換した化合物で，これもアルコール類に含まれる(図2-6b)．

慣用名をもつフェノール類もある．フェノールに一つのメチル基(-CH_3)が置換した化合物はクレゾールという名称で知られている(図2-6c)．クレゾールは消毒剤として使われている．

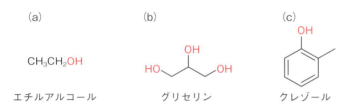

図 2-6　アルコールとフェノール

2-2-4 エーテル

酸素原子が二つの炭素原子で挟まれた構造(-C-O-C-)をもつ化合物をエーテル(ether)という．一般的にはR-O-R′という構造で，RとR′はアルキル基またはアリール基(aryl，芳香族をもつ)である．有機合成でよく用いるジエチルエーテル(慣用名エーテル，図2-7a)やテトラヒドロフラン(図2-7b)もエーテル類である．

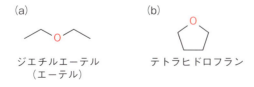

図 2-7　エーテル

2-2-5 アミン

アルコールやエーテルを水の誘導体と見なせば、アミン(amine)はアンモニアの誘導体と考えることができる. ハロゲン化アルキルやアルコールと同じく, アミンにも第一級から第三級まであるが, この場合は炭素原子は関係なく, 窒素原子上の置換基の数によって決まる. すなわち, R-NH$_2$は第一級アミン, R-NH-R′は第二級アミンなどとなり, すべて塩基性(アルカリ性)を示す(図2-8). また, 窒素原子上の残りの非共有電子対に四つ目のアルキル基が結合する場合には, アミンではなくアンモニウムになる.

アミンとアンモニウムの違い

アミンは, アンモニアの水素原子を炭化水素基または芳香族置換した化合物である. 置換数が一つであれば第一級, 二つであれば第二級, 三つであれば第三級になり, 窒素原子上の非共有電子対にアルキル基が結合すると第四級アンモニウムとなって, 正の電荷をもったイオンになる.

図2-8 アミン

2-2-6 アルデヒドとケトン

炭素原子が酸素原子と二重結合で結合しているカルボニル基(carbonyl group)を含む化合物として, アルデヒド(aldehyde)とケトン(ketone)がある. アルデヒドは, ホルムアルデヒドを除き, カルボニル基の炭素原子に一つの水素原子が結合している(図2-9a). ケトンは, 炭素原子間にカルボニル基が結合した化合物を指す(図2-9b).

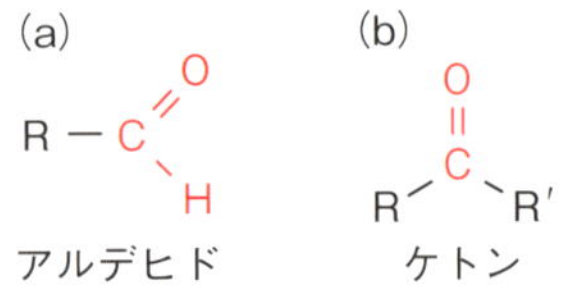

図2-9 アルデヒドとケトン

2-2-7 カルボン酸, エステル, アミド

カルボニル基を含む化合物のうち, ヒドロキシ基と結合したR-CO$_2$Hを含む化合物はカルボン酸(carboxylic acid)に分類される(図2-10a). また, 官能基としてはカルボキシ基(carboxy group, -CO$_2$H)と呼ぶ. これに対して, RCO$_2$R′の一般式で表される化合物はエステル(ester)と呼ばれ, R-CO$_2$H(カルボン酸)とR′-OH(アルコール)の脱水反応によって得られる(図2-10b). また, カルボニル基の炭素原子が一つの窒素原子と結合したものをアミド(amide)と呼ぶ(図2-10c).

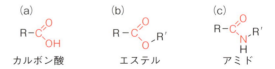

図2-10 カルボン酸, エステル, アミド

2-2-8 チオール, ニトリル

アルコールの −OH が**メルカプト基**(mercapto group, -SH)に置き換わった化合物がチオール(thiol)である. エタノールとフェノールに対応するチオールは, それぞれエタンチオールとチオフェノールと呼ぶ(図2-11). アルコールとは異なり, チオールは腐敗臭をもつ.

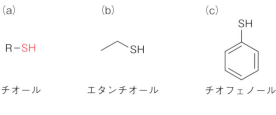

図2-11　チオール

また R-C≡N で表される化合物は**ニトリル**(nitrile)と呼ばれ, 名称は**シアノ基**(-CN)が置換した炭化水素の末尾に「ニトリル」を付ける. たとえばアセトニトリルやアクリロニトリルが慣用名として使われる(図2-12).

ここまで有機化合物を構成する基本骨格や官能基の名称について紹介した. このほかにもたくさんの官能基があるが, ここまでに出てきた官能基や基本構造を覚えておけば最低限の理解は可能である.

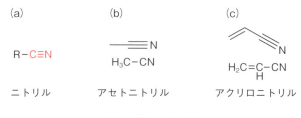

図2-12　ニトリル

2-3　有機化合物の命名法

🔍 **KEYWORDS**

IUPAC　　語幹　　炭化水素　　芳香族　　ヘテロ原子

2-3-1　炭化水素

有機化合物の正しい名称をつけるには, 構造や官能基の名前を覚えると同時に, それらをどう組み合わせればよいかを知らなければならない. 化合物の名前のつけ方には厳密に定められたルールがある. 化合物の命名の

56 ● **2章 有機化合物の命名法と立体化学**

ルールは，国際純正応用化学協会(International Union of Pure and Applied Chemistry；IUPAC)によって決められており，通称 **IUPAC命名法** として知られている．まず，表2-1に示したとおりギリシャ語に由来する数詞と語幹を覚えてほしい．単純な直鎖状の炭化水素を命名するときは，この表の数と直鎖状の炭素数を組み合わせればよい．

(1) アルカン

分子内で炭素原子が連続して結合した部分が母体となる．たとえば，最も単純な枝分かれのないアルカンの場合には，語幹に対して –ane を付ける．炭素数が5個なら hept– ＋ –ane で heptane(図2-13a)，炭素数が9個なら non– ＋ –ane で nonane となる(図2-13b)となる．枝分かれの構造の場合には，どう命名すればよいだろう．側鎖として付いているアルキル基には –yl をつける(methyl, ethyl, propyl, butyl, …)．そのアルキル基が付いている炭素には，母体の端から通し番号をつけたときになるべくその番号が小さくなるように番号の振り方を決める．そして最終的な名称は，番号–alkyl–母体 となる．図2-13c の例では，2-メチルペンタン(2-methylpentane)となる．

さらに，同じアルキル基が複数ある場合には，置換基が付いた炭素の全

表2-1 直鎖状アルカンの語幹と名称

連続した最長鎖の炭素原子数	語　幹		直鎖状アルカン		
			短　縮　式	名　称	
1	meth–	メタ–	CH_4	Methane	メタン
2	eth–	エタ–	CH_3CH_3	Ethane	エタン
3	prop–	プロパ–	$CH_3CH_2CH_3$	Propane	プロパン
4	but–	ブタ–	$CH_3(CH_2)_2CH_3$	Butane	ブタン
5	pent–	ペンタ–	$CH_3(CH_2)_3CH_3$	Pentane	ペンタン
6	hex–	ヘキサ–	$CH_3(CH_2)_4CH_3$	Hexane	ヘキサン
7	hept–	ヘプタ–	$CH_3(CH_2)_5CH_3$	Heptane	ヘプタン
8	oct–	オクタ–	$CH_3(CH_2)_6CH_3$	Octane	オクタン
9	non–	ノナ–	$CH_3(CH_2)_7CH_3$	Nonane	ノナン
10	dec–	デカ–	$CH_3(CH_2)_8CH_3$	Decane	デカン
11	undec–	ウンデカ–	$CH_3(CH_2)_9CH_3$	Undecane	ウンデカン
12	dodec–	ドデカ–	$CH_3(CH_2)_{10}CH_3$	Dodecane	ドデカン
13	tridec	トリデカ–	$CH_3(CH_2)_{11}CH_3$	Tridecane	トリデカン
14	tetradec–	テトラデカ–	$CH_3(CH_2)_{12}CH_3$	Tetradecane	テトラデカン
15	pentadec–	ペンタデカ–	$CH_3(CH_2)_{13}CH_3$	Pentadecane	ペンタデカン
20	icos–	イコス–	$CH_3(CH_2)_{18}CH_3$	Eicosane	エイコサン

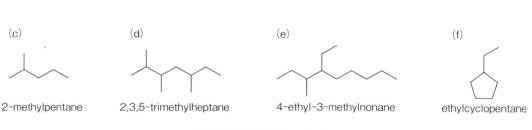

図 2-13 アルカンの命名

番号の和が小さくなるように番号を決め，番号-alkyl-母体と命名する．図2-13d の例では 2,3,5-トリメチルヘプタン(2,3,5-trimethylheptane)となる．

これに加えて，別のアルキル基が複数置換している場合には，母体の炭素番号の決め方はそのままで，命名の際には番号にかかわらず置換基の名称をアルファベット順に記載する．図 2-13e の例では，4-エチル-3-メチルノナン(4-ethyl-3-methylnonane)となる．また，環状構造が含まれる場合には，接頭語としてシクロ-(cyclo-)を母体の直前におく．図 2-13f の例ではエチルシクロペンタン(ethylcyclopentane)となる．このほかに，枝分かれ構造を示す炭化水素として IUPUC 名を使用する例を表に示した（表 2-2）．たとえば図 2-14 の化合物は，4-(1-methylethyl)octane でも 4-isopropyloctane でも正しい．

(2) アルケン

不飽和炭化水素はどのように命名すればよいだろう．アルケンでは母体のアルカンの名称の -ane を -ene に変える．炭素の番号の振り方は，二重結合を構成する炭素が小さい番号になるようにする．よって図 2-15a の例では 2-ヘキセン(2-hexyene)となる．また，枝分かれ構造をもつアル

図 2-14 4-(1-methylethyl)octane または 4-isopropyloctane

表 2-2 IUPAC 名として用いられる枝分かれしたアルキル基

名 称		化学式	名 称		化学式
イソプロピル	Isopropyl	$(CH_3)_2CH-$	ネオペンチル	Neopentyl	$(CH_3)_3CCH_2-$
イソブチル	Isobutyl	$(CH_3)_2CHCH_2-$	tert-ペンチル	tert-Pentyl	$CH_3CH_2C(CH_3)_2-$
sec-ブチル	sec-Butyl	$CH_3CH_2CH(CH_3)-$			
tert-ブチル	tert-Butyl	$(CH_3)_3C-$			
イソペンチル	Isopentyl	$(CH_3)_2CHCH_2CH_2-$	イソヘキシル	Isohexyl	$(CH_3)_2CHCH_2CH_2CH_2-$

ケンの場合には，前述したアルカンの母体の番号のルールは適用されず，二重結合の位置が優先される．図2-15bの例では，3-メチル-4-ヘプテン（3-methyl-4-heptene）ではなく，5-メチル-3-ヘプテン（5-methyl-3-heptene）が正しい．

環状の場合には，二重結合のいずれかの炭素を1番にする．このとき，置換基の付いた炭素数が小さくなるように1番の炭素を決定する．図2-15cの例では，3-エチル-2-メチルシクロヘキセン（3-ethyl-2-methylcyclohexene）ではなく，4-エチル-3-メチルシクロヘキセン（4-ethyl-3-methylcyclohexene）が正しい．もし，側鎖に二重結合が含まれる場合には，置換基名を -enyl として，側鎖の炭素番号は，母体に結合した炭素からはじめる．図2-15dの例では，1-(3-ブテニル)シクロヘキセン（2-(3-butenyl)cyclohexene）となる．ここで，母体に置換する基が数字を必要とする基である場合には，()を使って表記することに注意しよう．

二重結合が複数含まれた化合物もある．2個，3個の二重結合を含む化合物はそれぞれジエン（diene），トリエン（triene）と呼ばれる．図2-15eの例では，6-メチル-1,3,5-ヘプタトリエン（6-methyl-1,3,5-heptatriene）のように番号が小さくなるように命名する．また，不飽和アルキル基の慣用名として，vinyl，allyl，isopropenyl が IUPAC で認められている．

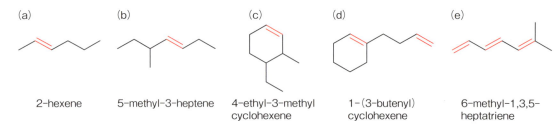

(a) 2-hexene
(b) 5-methyl-3-heptene
(c) 4-ethyl-3-methyl cyclohexene
(d) 1-(3-butenyl) cyclohexene
(e) 6-methyl-1,3,5-heptatriene

図2-15 アルケンの命名

(3) アルキン

炭素-炭素三重結合をもつ化合物も，アルケンと同様に考えればよい．ただしアルカンの -ane を -yne に変える．仮に，二重結合と三重結合のどちらもが含まれる場合には，優先順位はなく，番号が小さくなるように考える．図2-16の例では，2-ペンテン-4-イン（2-pentene-4-yne）ではなく，3-ペンテン-1-イン（3-pentene-1-yne）が正しい．このとき，二重結合と三重結合に同じ番号を付けることができるときは，二重結合を優先する．

図2-16 3-pentene-1-yne

(4) 芳香族

芳香族炭化水素は通常はベンゼン環を含んでおり，ベンゼンを母体とした名称が用いられる．置換基が2個あるベンゼン誘導体については，炭素

番号を使った表記に加え，**オルト**(*orto, o-*)，**メタ**(*meta, m-*)，**パラ**(*para, p-*)がそれぞれ 1,2-，1,3-，1,4- に対応する(*o, m, p* は斜体であることに注意，図 2-17)．また，置換基としての名称は，C_6C_5- は**フェニル基**(phenyl group)，$C_6H_5-CH_2-$ は**ベンジル基**(benzyl group)とする．

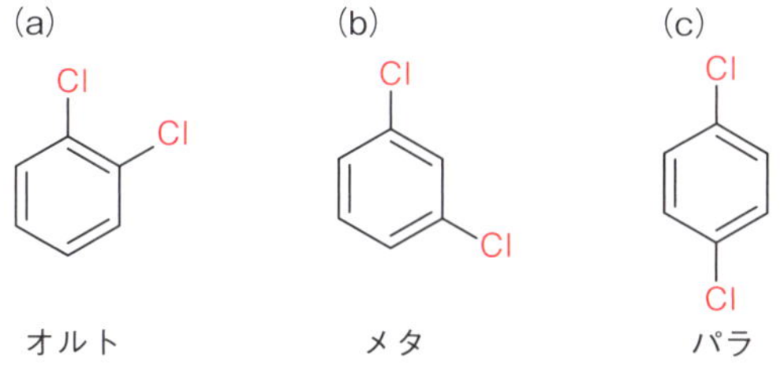

(a) オルト　(b) メタ　(c) パラ

図2-17　ジクロロベンゼン

2-3-2　ヘテロ原子含有化合物

有機化合物は，ここまでに述べたような炭化水素にさまざまなヘテロ原子(炭素と水素以外)を含む官能基が複合的に置換した構造で構成されている．ここでは，官能基を含む化合物の命名法のルールを学ぶ．

(1) アルコール，チオール

まず，ヒドロキシ基やチオール基を含む化合物に関して，最も身近な化合物としてアルコールがある．アルコールの命名には，語尾に -ol を付ける．母体となる炭化水素名に対して，最後の "e" をなくして，代わりに "-ol" を付ける．ヒドロキシ基が置換している炭素番号の決め方は，その数字が小さくなるように考える．つまり，図 2-18a では 2-hexanol となり，そのほかのアルカンが置換している場合には，ヒドロキシ基の置換位置を優先して，3-methyl-2-hexanol と表す(図 2-18b)．また，複数のヒドロキシ基が置換したアルコールの場合には，母体の "e" は残したまま，ヒドロキシ基が二つの場合は -diol，三つの場合は -triol を最後に付け，図 2-18c のように 1,3,5-hexanetriol と表す*．さらに，アルカンが置換した場合はヒドロキシ基が優先されるが，アルケン，アルキンがある場合には，アルコールとアルケン，あるいはアルキンの両方を含む母体の炭素番号が優先される．図 2-18d の例であれば，2-methyl-4-propyl-5-hexen-3-ol となる．やや複雑ではあるが，ルールに従えば正確に命名できる．

一方，ベンゼン環にヒドロキシ基が一つ置換した構造の慣用名としてフェノール(phenol)が使われるが，正式には置換基としてのヒドロキシ基を hydroxy- と表すため，hydroxybenzene が正式名となる(図 2-18e)．そのほかにも，ヒドロキシ基が置換した芳香族は，慣用名で呼ばれること

* ane + ol のように母音が重なるときに前の母音(ここでは e)を省略する．diol の場合には e は省略されない．

置換基の優先順位

おもな置換基の優先順位を表 2-3 に示した．表の上位にあるものほど，優先順位が高くなっているので参考にしよう．

が多いが，IUPAC の命名法を正しく書けることが望ましい．同じく，ヒドロキシ基よりも優先順位が高い置換基がある場合には，ヒドロキシ基は hydroxy- となるので注意が必要である．ヒドロキシ基と同様に，チオールが置換した化合物には -thiol をつけ，置換基として扱う場合には，mercapto- を使う．

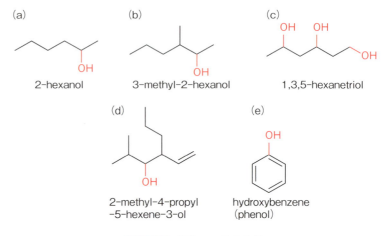

図 2-18 アルコールの命名

(2) エーテル

アルコール，チオールと同じく酸素，硫黄が一つ含まれるエーテルやチオエーテルについて考えてみよう．最も単純な方法としてエーテルを例にとると，酸素原子を挟む二つの炭化水素を置換基として連続で表記し，最後に ether を付ける．この場合も，置換基はアルファベット順で表記するので，図 2-19a の場合には methyl phenyl ether となる．ただし，炭素数の少ないほうの炭化水素 **アルコキシ基**(RO-) と見なすこともでき，methoxybenzene と表すこともできる．また，別の考え方としてエーテルの酸素原子を母体の炭素と同じく番号を付けて，2-methyl-3-oxapheptane と表すこともできる(図 2-19b)．

炭素以外の原子を含む環状構造，複素環として，溶媒として用いられるテトラヒドロフラン(tetrahydrofuran)やジオキサン(dioxane)があるが，これらは oxacyclopentane や 1,4-dioxacyclohexane と表すこともできる(図 2-19c,d)．同様に，エーテルの酸素が硫黄になった場合には，-sulfide と alkyltio- が用いられ，図 2-19e は ethyl propyl sulfide または ethylthiopropane で表すことができる．

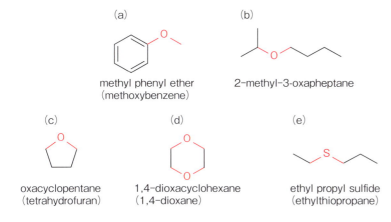

図2-19 エーテル，チオエーテルの命名

(3) アミン

次に，アミンの命名法について説明する．アミンはアルコールと同じく，母体の再度の"e"を取って，-amine を付ける．もしくは，アルキルアミンとして置換基のように扱い，-ylamine とすることもあり，*N*,*N*-dimethylcyclohexamine や *N*,*N*-dimethylcyclohexylamine と表される（アミンの窒素原子上の置換基は番号ではなく *N*- となることと，N は斜体であることに注意）（図2-20a）．また，第四級アンモニウムの場合には，triethylmethylammonium chloride と書く（図2-20b）．また，アミンよりも優先順位の高い置換基がある場合には，接頭語として amino- あるいは

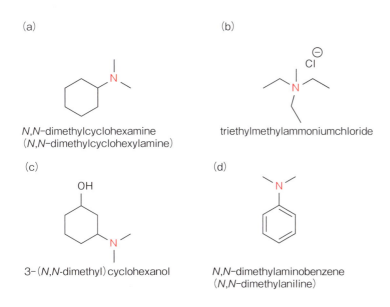

図2-20 アミンの命名

alkylamino- を付け，3-(*N,N*-dimethylamino)cyclohexanol のように表す（図 2-20c）．さらに，エーテルに対応する窒素原子の表記では，-oxa- と同じ扱いで -aza- を使う．フェノールと同じく，ベンゼン環にアミノ基が付加するとアニリンという慣用名が使われるが，これも *N,N*-dimethylbenzylamine や *N,N*-dimethylaniline と表記できる（図 2-20d）．

(4) カルボニル

これまでは比較的わかりやすい官能基について学んだが，カルボニル基を含む化合物にはいくつも種類があり，それぞれで命名法が異なる．

まず最も単純なカルボニル化合物としてケトンからはじめよう．単純な命名法として，母体のカルボニル基が位置する炭素番号を使って，語尾に -one を付ける．あるいは，エーテルと同じく，カルボニル基に結合する炭化水素を並べて最後に ketone を付けるだけでよい．図 2-21a は，3-methyl-2-butanone あるいは isopropyl methyl ketone と表すことができる．また，エーテルの -oxa-，アミンの -aza- と同様にケトンは -oxo- と書くことができる．

これに対してカルボニル基の一方に水素原子が置換したアルデヒドでは，母体名に対して -al を付け，このときホルミル基は必然的に母体の一番端に位置するため，自動的にアルデヒドの炭素が 1 番の炭素になり，置換した炭素の番号を記載する必要はない．またアルデヒドが環に置換しているときは，語尾に -carbaldehyde を付ける．さらに，優先順位が高い置換基があるときは，アルデヒド基を置換基として，mehtanoyl- もしくは formyl- を用いる．このルールと同様にして，カルボン酸も母体の一番端に位置するため，例では 5-methylhexanoic acid のようにカルボキシ基の炭素を含む炭化水素の語尾に -oic acid を付ける（図 2-21b）．また，置換基として扱う場合は carboxy- となり，たとえば環状構造に置換した安息香酸の IUPAC 名は benzenecarboxylic acid となるが，一般的には benzoic acid といわれる（図 2-21c）．

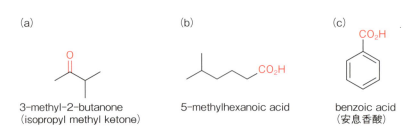

(a) 3-methyl-2-butanone (isopropyl methyl ketone)
(b) 5-methylhexanoic acid
(c) benzoic acid（安息香酸）

図 2-21 カルボニルの命名

これに加えて，カルボン酸には，ハロゲン化アシル（acyl halide），酸無

水物(carboxylic anhydride)，エステル，アミドなどの誘導体がある．ハロゲン化アシルの場合には，母体に対して –oyl + ハロゲン名を付け，3-methylbutanoly bromide のようになる（図2-22a）．酸無水物の場合には，カルボン酸母体を並べて anhydride を付けたり（cyclopropancarboxylic butanoic anhydride, 図2-22b），同一のカルボン酸の無水物は，"di" は付けずに ethanoic anhydride のように命名する．エステルを扱うときは，アルコールとカルボン酸の各成分を組み合わせて，アルコール側に –ly を付け，二語目は別の成分を示すために離し，カルボン酸母体の –oic acid を –oate にするとよい．例では，propyl butanoate（図2-22c）．無機イオンがあるときは先にイオン名を示して，sodium benzoate のように命名する（図2-22d）．アミドの場合は，末端のアミノ基が –NH$_2$ のときは，母体名の語尾に –amide を加えるだけでよく，さらに，窒素原子に別の炭化水素が置換している場合には，窒素に置換しているという意味で，N-alkly に続けて母体の炭化水素 + amide となる．

これらに加えてシアノ基もカルボン酸と同じように考えられ，母体に対して –nitrile や –onitrile を使用し，3-methylpentanenitorile（図2-22e）や acetonitrile（図2-22f）となる．置換基として扱うときは cyano- を使用する．

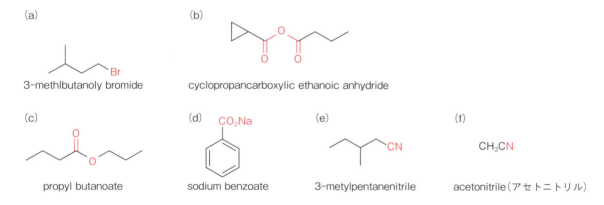

図2-22 ハロゲン化物，酸無水物，エステル，塩，シアン化合物の命名

2-3-3 命名ルール

このほかにハロゲンやニトロ基が置換した化合物もあるが，これらの化合物に関しては，語尾に特別な名称を付けることはなく，単に置換基として，chloro-，bromo-，nitro- のように母体番号に続いて語頭に付けるだけとなり，sodium-2-bromobenzoate（図2-23a）や4-nitro-2-pentene（図2-23b）のように命名する．このようにハロゲン原子やニトロ基が置換基

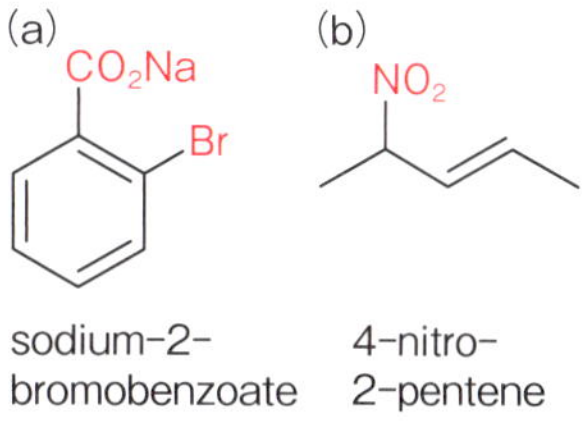

図2-23 ハロゲンやニトロ基をもつ化合物の命名

64 ●**2章　有機化合物の命名法と立体化学**

として扱われるのは，これまでに出てきたさまざまな官能基に対して，命名の優先順位が存在するからである（表2-3）．表の上から順に優先順位が高いことを示しているが，たとえば，アミンとアルコールが同じ分子内に存在するときには，アルコールが優先され，アミノ基は置換基としての扱いをしなければならない．

　ここまでに示した内容がIUPAC命名法のすべてではなく，とくに立体化学に関してはさらに別の命名法が存在するが（次節），これから大学の有機化学で扱う化合物の大半は上記に示したルールと優先順位を適用すれば，正確に化合物名を決めることができる．化合物名を見れば構造式が描けるように練習しておこう．

■ 例題 ■

次の化合物 a～h の構造式を記せ．

a *m*-bromobenzoic acid

b 1-cyclohexyl-2,2-dimethyl-1-butanol

c 4-ethyl-2-cyclohexenone

d 2-phenylethanol

e *N,N*-dimethylbutaneamide

f 3,4-dichloro-3-methylcyclopentanone

g 2-methyl-2-octanol

h 4,4-dimethyl-1,3-hexanediol

i 4-(4-fluoropheyl)butanoic acid

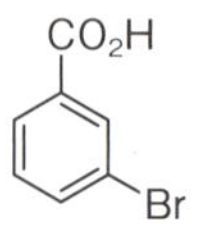

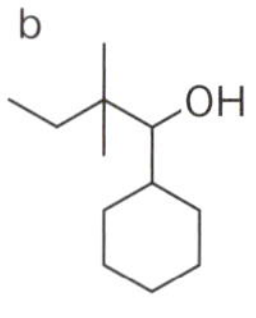

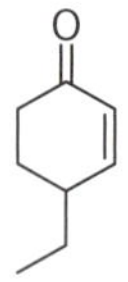

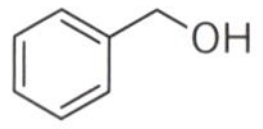

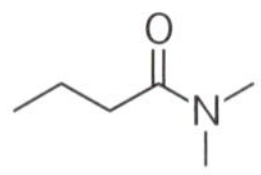

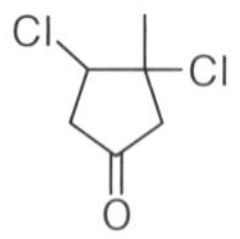

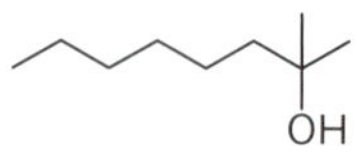

【解答】

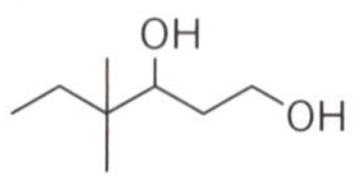

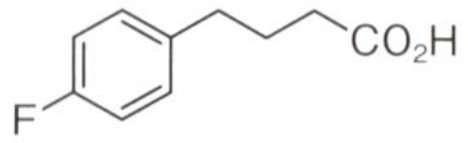

2-3 有機化合物の命名法 ● 65

表 2-3 IUPAC 命名法

優性順位	種類	式	語尾	接頭語
高	カチオン	R_4N^+	-ammonium	ammonio-
		R_4P^+	-phosphonium	phosphonio-
		R_3S^+	-sulfonium	sulfonio-
	カルボン酸	$\overset{O}{\underset{\parallel}{-COH}}$	-oic acid	carboxy-
	カルボン酸無水物	$\overset{O\ \ O}{\underset{\parallel\ \ \parallel}{-COC-}}$	-oic anhydride	
	カルボン酸エステル	$\overset{O}{\underset{\parallel}{-CO-}}$	alkyl-oate	alkoxycarbonyl-（or carbalkoxy-）
	カルボン酸（アシル）ハロゲン化物	$\overset{O}{\underset{\parallel}{-CX}}$	-oyl halide	haloalkanoyl-
	アミド	$\overset{O}{\underset{\parallel}{-CNH_2}}$	-amide	carbamoyl-
	ニトリル	$-C\equiv N$	-nitrile（or -onitrile）	cyano-
	アルデヒド	$\overset{O}{\underset{\parallel}{-CH}}$	-al	alkanoyl-
	ケトン	$\overset{O}{\underset{\parallel}{-C-}}$	-one	-oxo-
	アルコール	$-COH$	-ol	hydroxy-
	メルカプタン	$-CSH$	-thiol	mercapto-
	アミン	$-N\diagdown$	-amine	amino-
	エーテル	$-O-$	—（ether）	-oxa-（or alkoxy-）
	スルフィド	$-S-$	—（sulfide）	-alkythio-
	アルケン	$\diagup C=C \diagdown$	-ene*	alkenyl-
	アルキン	$-C\equiv C-$	-yne*	alkynyl-
	ハロゲン化物	$-X$	—	halo-
	ニトロ	$-NO_2$	—	nitro-
低	アルカン	$-\overset{\mid}{C}-\overset{\mid}{C}-$	-ane*	alkyl

*これらは母体語幹の語尾である．アルカン，アルケン，およびアルキンの名称は，それにさらに語尾や接頭語が付けられてほかの名称に誘導される母体名である．

例題

次の化合物 a ～ i の名称を英語で記せ．

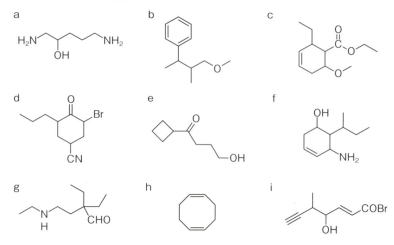

【解答】 a 1,5-diamino-2-pentanol, b 4-methyl-2-oxa-5-phenyl-hexane, c ethyl 2-ethyl-6-methoxy-3-cyclohexenecarboxylate, d 3-bromo-4-oxo-5-propylcyclohexanenitrile, e 1-cyclobutyl-4-hydroxyl-1-butanone, f 5-amino-6-(1-methylpropyl)-3-cyclohexen-1-ol, g 2,2-diethyl-4-(*N*-ethylamino)-1-butanal, h 1,5-cyclooctadiene, i 4-hydroxyl-5-methyl-2-hepten-6-ynol bromide

2-4 立体化学

KEYWORDS

立体配座　　幾何異性体　　キラル化合物　　ジアステレオマー

　前節までに有機化合物の種類や IUPAC 命名法に基づく化合物名の命名，そしてその構造式の書き方について学んだ．しかし，0 章のトピックスでもいくつか紹介したように，有機化合物の構造を考える場合には原子の立体的な配置を理解しなければならない．単結合で結合した炭素－炭素原子は自由に回転しているので，立体的に安定な原子の向きが存在する．また，炭素－炭素二重結合の場合には自由回転がなくなるため，炭素に結合した原子の配置の違いを考えなければならない．さらに炭素原子に対して異なる 4 種の原子（原子団）が結合するときには，絶対配置の違いが生じる．本節では，これらの立体化学についての基本的な考え方について学ぶ．

2-4-1 立体配座

アルケンなどの炭素 – 炭素単結合を含む化合物の立体的な配置を理解するには，くさび形表記よりも，ニューマン投影式(Newman projection)が理解しやすい．たとえばエタンを例にすると，一方の炭素原子からもう一方の炭素原子が重なるように見通すと，中心から外側に6本の炭素 – 水素結合が見える．これを模式的に表したのがニューマン投影式である(図2-24)．これを用いて，立体配座の安定性をポテンシャルエネルギーとして見ると，エタンでは重なり型とねじれ型の2種しか存在しないが(図2-24)，ブタンの場合には，アンチ型，ゴーシュ型(anti, gauche)があり，メチル基どうしが最も遠いアンチ型が最安定である(図2-25)．

また，シクロアルカンにおいても，ニューマン投影式を用いることで，安定性が理解しやすい．たとえばシクロヘキサンでは，環から垂直に伸びた結合(アキシアル，axial)と水平に近い方向に伸びた結合(エクアトリアル，equatorial)がそれぞれ6本ある．これをニューマン投影式で描くと，シクロヘキサンがいす形と舟形の配座になっていることがわかる(図2-26)．

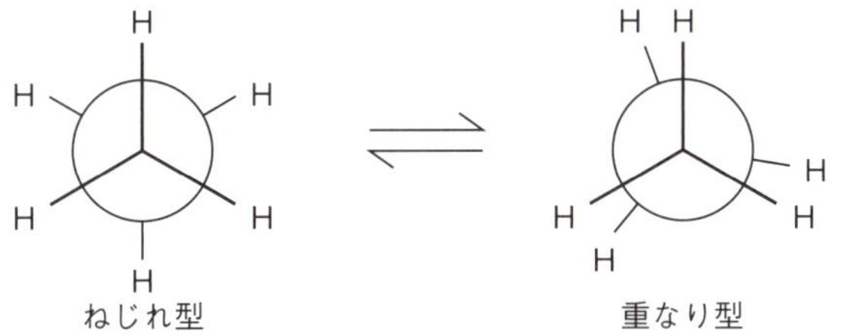

図2-24 エタンのニューマン投影式

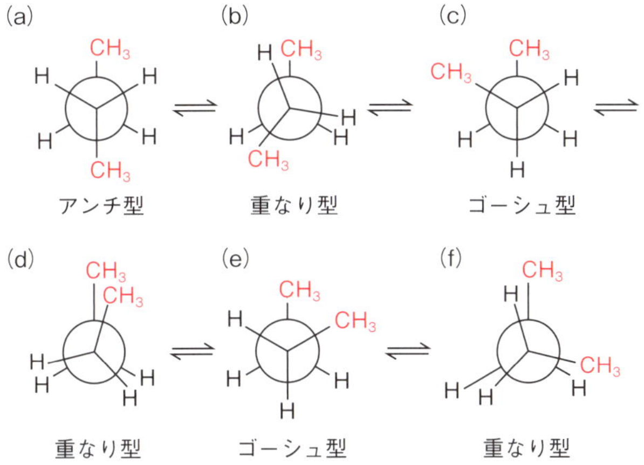

図2-25 ブタンのニューマン投影式

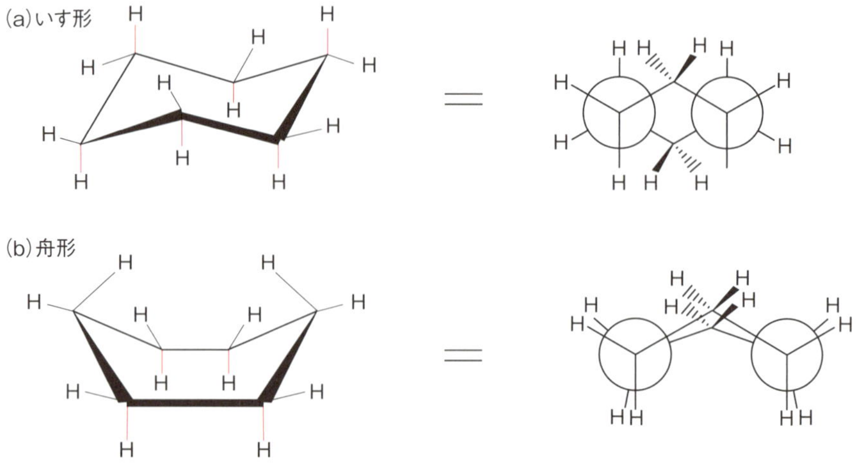

(a) いす形

(b) 舟形

図 2-26　シクロヘキサンのニューマン投影式

2-4-2　幾何異性体

　炭素-炭素二重結合がある場合，炭素原子は二重結合まわりでは回転できないために，二重結合を構成する炭素原子に結合する原子や原子団は，異なる空間配置を取りうる．このような幾何学的な配置が異なる異性体を**幾何異性体**(geometrical isomer)あるいは**シス-トランス異性体**と呼ぶ．1,2-ジフルオロエテンを例にとって考えてみよう．簡略化式で書いた場合には，CHF＝CHFとなり，一見異性体が存在しないように思える．しかし，ダッシュ式で示すと，異なる構造式が描ける(図2-27)．(a)の構造では，二つのフッ素原子は二重結合に対して同じ側に位置する"シス(*cis-*)"異性体であり，(b)の構造では，二つのフッ素原子は二重結合に対して反対側に位置する"トランス(*trans-*)"異性体であるという．

　アルケンでシス-トランス異性体が存在するのは二重結合を構成している二つの炭素原子にそれぞれ異なる原子あるいは原子団が一つずつ結合している場合に限られる．たとえば，フルオロエテンや1,1-ジフルオロエテンでは，シス-トランス異性体は存在しない．

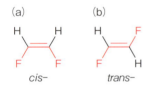

図 2-27　ジフルオロエテン

> **例題**

次の化合物 a ～ c の幾何異性体の構造をすべて示し，シス体かトランス体示せ．

a　3-methyl-3-hexene，　b　2-bromo-2-butene，　c　2,3-diamino-2-pentene

2-4 立体化学 ● *69*

【解答】

a

trans

cis

b

trans

cis

c

NH₂
H₂N
trans

H₂N   NH₂
cis

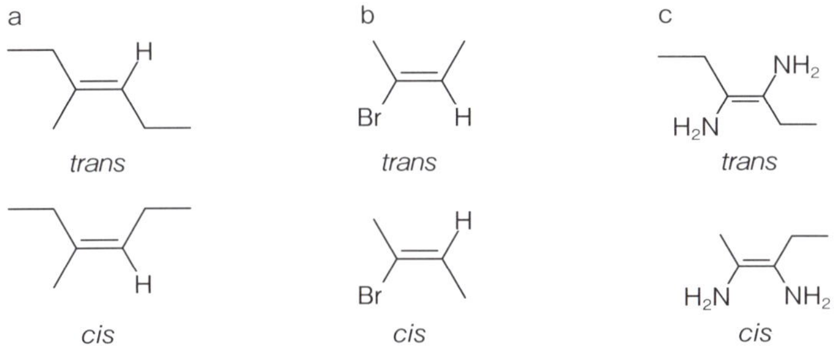

では，異なる原子や原子団が，三つあるいは四つ置換したアルケンはどう考えればよいだろう．単純な例として，CFCl＝CHBr の異性体の場合を考える．CFCl＝CHBr では図 2-28 に示す二つの構造が考えられるが，このときシス－トランスの考え方は適用できない．このような 3 置換，4 置換体のアルケンでは，*E, Z* 表記法を用いる．*E, Z* 表記法では，二重結合を構成するそれぞれの炭素原子に結合した原子や原子団に優先順位をつけ，図 2-28a のように優先順位が高い原子が二重結合と同じ側にあるときは，ドイツ語の *zusammen*（一緒に）に由来する *Z* 異性体と呼ぶ．図 2-28b のように優先順位の高い原子が二重結合を挟んで反対側になる場合は，同じくドイツ語の *entgegen*（反対の）に由来する *E* 異性体と呼ぶ．ここで，優先順位は炭素結合に直接結合している原子の原子番号によって決定する．一般的に有機化合物に結合する原子の優先順位は，Br＞Cl＞F＞O＞N＞C＞D＞H である．また，炭素原子に結合する原子が同じである場合には，2 番目，3 番目の原子に優先順位を適応する．たとえば，プロピル基とイソプロピル基の場合には，炭素原子に結合する炭素原子数が多いイソプロピル基のほうが優先順位は高いといえる．また，二重結合や三重結合の場合には，二つ，三つの単結合で結合しているとみなす（図2-29）．

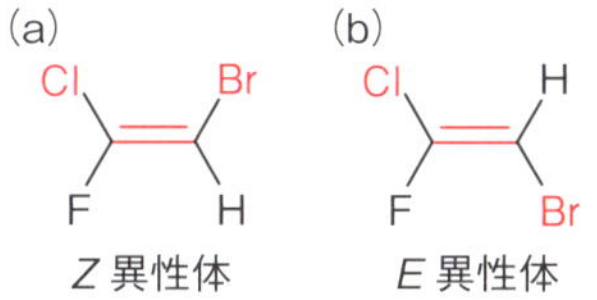

(a)   (b)
Cl   Br   Cl   H

F   H   F   Br
Z 異性体   *E* 異性体

図 2-28 *Z* 異性体と *E* 異性体

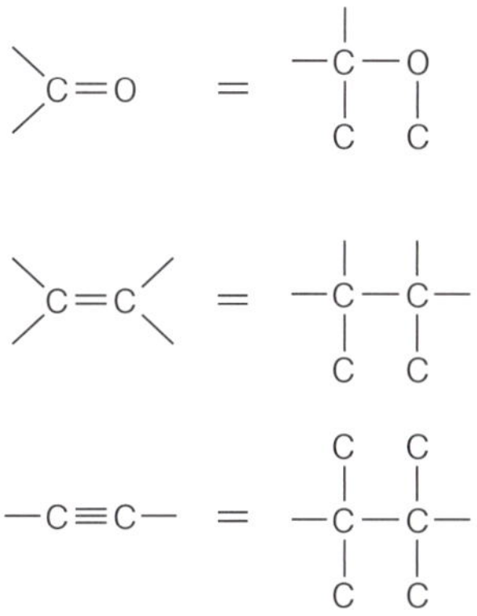

$\ce{C=O}$ =

$\ce{C=C}$ =

$\ce{-C≡C-}$ =

図 2-29 結合する原子の優先順位

例題

次の化合物 a，b の名称を英語で記し，その立体化学を表示せよ．

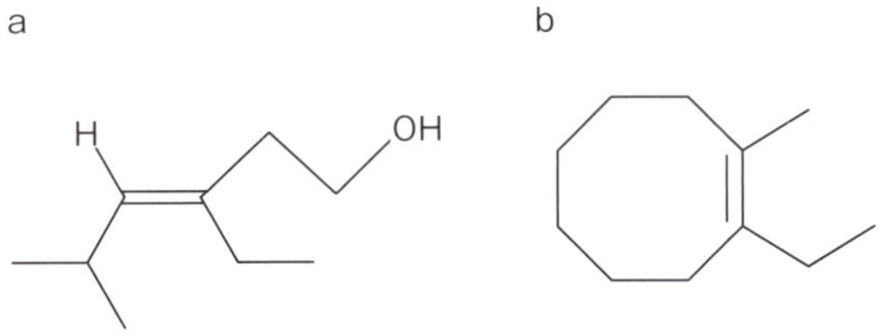

a

H   OH

b

【解答】 a E-3-ethyl-5-methyl-3-hexen-1-ol
b Z-1-ethyl-2-methylcyclooctene

2-4-3 キラル化合物

構造式の描き方でも述べたように，有機化合物には右手と左手の関係と同じく鏡像関係のペアが存在し，これを**エナンチオマー**（enantiomer）という．立体異性体は，このエナンチオマーと，互いに鏡像関係にないシス-トランス異性体などの**ジアステレオマー**（diastereomer）の大きく二つに分類される．

不斉炭素をもつすべての化合物は**キラル中心**をもつ．このようなキラル化合物（chiral compound）では，R-S規則（R は rectus，右，S は sinister，左を意味する）によってその絶対配置を命名する．1-フェニルエチルアルコールを例にその命名法を見てみよう（図2-30）．はじめに，キラル中心に結合した原子や原子団に対して，優先順位を付ける．この優先順位は，前述のシス-トランス異性体と同じく，炭素原子に直接結合している原子の原子番号に基づく．直接結合している原子が同一の場合には，2番目，3番目の順に結合原子の優先順位を考える．1-フェニルエチルアルコールの場合には，中心の炭素原子を基準として，結合している原子，原子団の優先順位は，水素原子が一番低い．次に残りの原子団の優先順位を考えると，ヒドロキシ基，フェニル基，メチル基の優先順位となる（図2-30a）．ここで，テトラポット型の構造式を回転させ，一番優先順位の"低い"原子，原子団を自分の目から見て遠くなるように置く．この状態で残り三つの原子，原子団の優先順位を見たときに，不斉炭素を中心として時計回りに並んでいれば R 配置，反時計回りに並んでいれば S 配置と定める．したがって1-フェニルエチルアルコールでは，図2-30(b)が R 配置，(c)が S 配置である．

> **キラル中心**
> 分子の鏡像異性を生じさせる原子であり，不斉原子または不斉中心ともいう．おもに四つの原子または置換基が共有結合している炭素原子である．また，キラル（chiral）分子とはその鏡像と重ね合わせることができない分子と定義される．

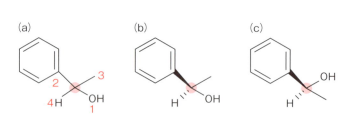

図2-30　R 配置と S 配置

例題

次の化合物 a ～ d の三次元構造をくさび形表記法で記せ．

2-4 立体化学 ● 71

a (*R*)-2-hydroxybutanoic acid

b (*S*)-3-ethoxy-3-methyl-4-hexen-2-one,

c (*R*)-3-aminocyclopentanone

d (*S*)-3-propylhept-1-en-5-yne

【解答】

エナンチオマー分子は，化学的な性質はほぼ同じであるため，1章で学んだいくつかのスペクトル解析では違いは見えない．そこでエナンチオマーの違いを観察するために平面偏光を用いる．平面偏光がエナンチオマーのなかを通過する際，偏光面が回転する．このとき，それぞれのエナンチオマーは逆向きに同じ角度回転する．このような挙動から，エナンチオマーは光学活性化合物と呼ばれる．通常，旋光計を用いて測定を行うが，エナンチオマーの溶液を測定容器に入れると平面偏光はある方向に回転する．このとき，検光子を観測者から見て時計回りに回したときには，正(＋)，反時計回りに回したときには，負(−)，であるといい，時計回りに回転させる物質を右旋性 dextrorotarory(D)，反時計回りに回転させる物質を左旋性 levorotatory(L)という(図2-31)．旋光計測定の結果は，普通，比旋光度αを用いて表され，エナンチオマーの立体配置と平面偏光の回転方向の間には明確な関係は存在しない．

また，エナンチオマーの等モル混合物はラセミ体と呼ばれ，このときは，旋光計では平面偏光は両者の打ち消しによって，回転しない．一方，単一のエナンチオマーからできている光学活性物質は，エナンチオマー過剰率(enatiomeric escess, ee)が100％であるといい，光学的に純粋な物質である．ee は，光学純度とも呼ばれ，

ee＝[(一方のモル数)−(もう一方のモル数)]／(全体のモル数)

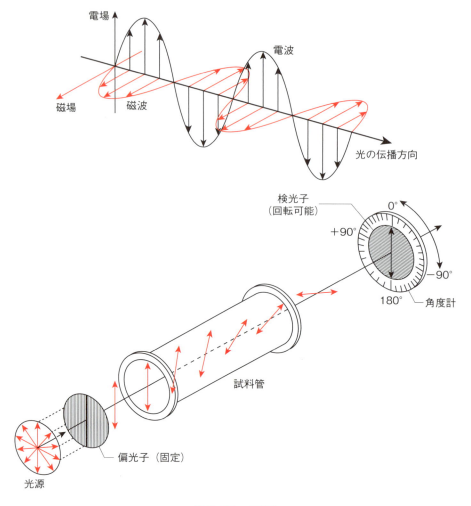

図 2-31 旋光計

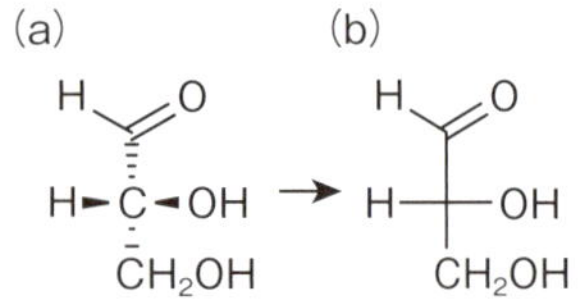

図 2-32 フィッシャー投影式

で定義されており，比旋光度からも計算できる．

エナンチオマーの表記法には，これまでのくさび形表記（図 2-32a）のほかに，フィッシャー投影式（Fisher projection，図 2-32b）がある．単純にいうと，自分から遠ざかる二つの置換基を縦線の上下に示し，自分に向いている二つの置換基を横線の左右で示す（2,3-dihydroxypropanal など，図 2-32）．この方法を使って，L 体と D 体を定義するが，それについては，7 章の生体高分子で説明する．

2-4 立体化学 73

発展 ミクロシスチン

琵琶湖や霞ヶ浦での有毒アオコの異常発生に関する新聞記事をよく目にする．アオコとは，藍藻類が異常発生した際に水面が着色する現象であり，それらの藍藻類のなかには，人体にとって有毒な成分を産生するものもある．アオコ毒のなかで最も有名なのが，ミクロシスチン（microcystin）と呼ばれる特殊なペプチドである．

ミクロシスチンは，ミクロシステス（microcystis）属の藍藻が産生する，7個のアミノ酸から成る環状ペプチドであり，肝臓に特異的に作用する毒として知られている．非常に特徴的な構造をもち，Adda（3-amino-9-methoxy-10-phenyl-2,6,8-trimethyl deca-4,6-dienoic acid）と呼ばれる通常見られない疎水的な側鎖と，高等生物には少ないD型のアミノ酸，さらに，同族体によって異なる2種のL型アミノ酸を含んでいる．1章で学んだNMRの応用で，立体的に近接するプロトンのカップリングを測定できる核オーバーハウザー効果（Nuclear Overhauser Effect, NOE）を用いると，水中においてミクロシスチンは，Adda部位

を環状ペプチド側に巻き込んだ配置になることも報告されており，化学構造的にほかに例を見ない特徴的な化合物である．

ミクロシスチンは，R1～R4の違いで50種類以上の同族体があり，本章で学んだような命名法でミクロシスチンの名称を決めるのは容易ではない．そのため，簡便法としてD-アラニンを1番のアミノ酸として，（本表記では時計回りに）2番目と4番目のL型アミノ酸の1文字表記を使用する．たとえば2番目がロイシン，4番目がアルギニンの場合は，ミクロシスチン-LRとなる．

おもしろいことに，すべての同族体が同じ毒性を示すわけではなく，メチル基の有無，グルタミン酸のエステル化，Adda部分の幾何異性化(6(Z)-Adda)によって毒性は大きく変わり，通常のタンパク質消化酵素などでは分解されない．ちなみに，藍藻類がなぜこのような特殊な環状ペプチドを産生するのかは明らかになっておらず，一説では窒素源としてN原子を蓄えるためといわれているが，真実はいまだわかっていない．

ミクロシスチン

74 ● 2章　有機化合物の命名法と立体化学

章末問題

1　次の化合物の構造式を記せ.
- a　4-(*N, N*-diethylamino)-2-pentanol
- b　*m*-nitroaniline
- c　3-(4-bromobutyl)-1,4-hexanediol
- d　4-(4-chlorophenyl)pentanoic aicd
- e　3-chloro-4-cyclohexyl-1,2-cyclopentanediol

2　次の化合物の名称を英語で記せ.

a

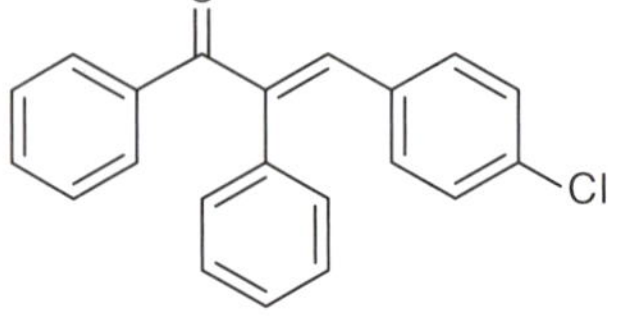

b

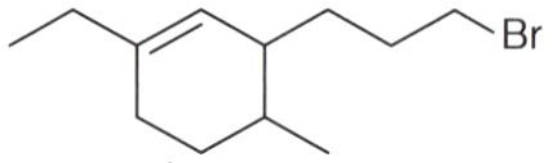

c

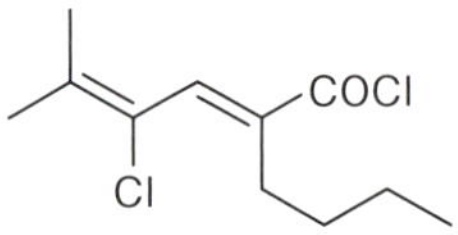

d

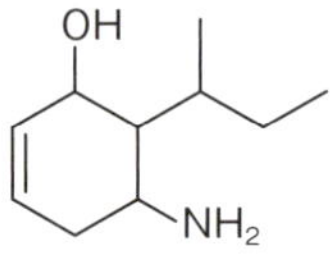

e

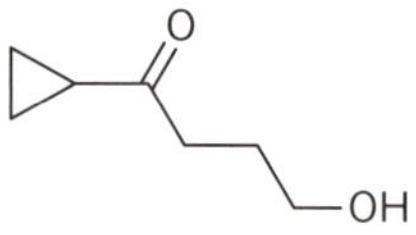

3　次の化合物の構造異性体をすべて挙げよ.
- a　C_5H_{12}
- b　C_4H_9Cl
- c　$C_4H_{10}O$

4　次の化合物の立体構造をくさび形表記で記せ.
- a　(*R*)-2-chlorobutane
- b　(*R*)-3-methl-1-octene
- c　(*S*)-2-methylcyclohexanone
- d　(3*R*, 5*S*)-3,4,4,5-tetramethyl-1-heptyne
- e　(3*R*, 4*S*)-3,4-dimethl-1-hexene

5　次の化合物を線形表記で記せ.
- a　(2*Z*, 4*E*)-2,4-ocatadiene
- b　(*E*)-2-chloro-3-fluoro-2-butene
- c　(*Z*)-3-amino-2-propene-1-ol

第 3 章
原子，分子の成り立ちと電子の働き

Compositions and Functions of Atoms and/or Molecules

> **到達目標**
> 有機反応に重要な役割を果たす電子の動きについての基本的な知見を学び，共有結合に寄与する分子の軌道，とくに混成軌道に関して理解を深める．

3-1 原子

🔍 **KEYWORDS**

原子核　陽子　中性子　電子　原子番号　質量数

　原子は，正電荷をもつ陽子と電荷をもたない中性子から成る原子核と，その周りを回り負電荷をもつ電子から成る．陽子と中性子の質量はほぼ同じで，電子の質量は陽子や中性子の 1／2000 に過ぎないため，原子の質量は原子核を構成する陽子と中性子の合計数（質量数）に比例すると考えられる．また陽子と電子の数は等しく，原子は電気的に中性である．
　原子の種類は陽子の数で決定され，陽子の数に基づいて原子番号が決まっている．同じ元素であっても質量数が異なることがあり，これは同じ元素でも中性子の数が異なるためである．たとえば炭素原子では，自然界に存在する 98％以上は中性子が 6 個で質量数 12 の原子であるが，中性子が 7，8 個の原子も存在し，質量数はそれぞれ 13，14 となる．質量数は元素記号の右上に示すため，質量数 12 の炭素原子は ^{12}C，質量数 13，14 の炭素原子はそれぞれ ^{13}C，^{14}C と表す．水素原子では 99.9％以上は中性子が 0 個の ^{1}H であるが，中性子が 1 個の ^{2}H（いわゆる重水素，D）も存在する．

76 ●3章 原子，分子の成り立ちと電子の働き

コラム 重水素と医薬品

水素には三つの同位体が存在する．そのなかで最も多く，地球上の99.985％を占める^{1}H（水素）は陽子1個と電子1個で構成される．一方，^{2}H（重水素，D）は，^{1}Hに中性子1個が加わり，^{3}H（三重水素，T）は，中性子が2個加わっている．

有機化学で最も重水素が活躍する分野は，1章で学んだNMRの溶媒である．一般的な^{1}H-NMRでは核磁気共鳴を起こさないD置換溶媒を用いて，^{1}H核の共鳴を高感度に検出する．しかし，脱離性のあるHは，Dと簡単に交換してしまうため，たとえば，重水中でメタノールのOH基の^{1}Hのシグナルを得ることは難しい．そのほか，質量分析ではD置換化合物を内標準物質として用いることで，生体関連物質，環境汚染物質の定量分析が実現している．

HとDの違いは中性子の有無だけであるため，H置換とD置換ではほとんど化学的な性質は変わらない．しかし，C-H結合とC-D結合を詳しく見ると，C-D結合のほうが結合距離がわずかに短く，つまり，結合を切るために高いエネルギーが必要となる．一般的にD置換体は有害とされるが，近年，この違いを利用した医薬品開発が注目を集めている．

体内に投与された薬品は，特定の臓器で代謝を受ける際，C-H結合が切断，酸化されることが多い．このとき，C-D結合では，その切断に高いエネルギーが必要となり，薬効が低くなる可能性がある．すなわち，薬剤を体内で長く存在させたい場合にC-D結合を用いることで，代謝までの時間を遅らすことができ，結果的に高い薬効が期待できる．たとえば，抗うつ剤であるVenlafaxineでは，D置換体において高い薬効を示すことがわかっている．今後，このようなD置換医薬品の開発が活発になると期待される．

Venlafaxine-H

Venlafaxine-D

薬効

3-2 原子の結合

🔍 KEYWORDS

イオン結合　　共有結合　　電気陰性度　　オクテット則
Lewis 構造　　共鳴

3-2-1 イオン結合と共有結合

　貴ガス*に属する原子以外は単一では不安定で，自然界では同一原子同士，あるいはその他の原子と化学結合を形成することで，イオンや分子の形として存在している．

　1916年にG. N. LewisとW. Kösselによって，化学結合はイオン結合と共有結合に大別できると提唱された．イオン結合とは，原子が電子の授受によって正または負の電荷をもったイオンになり，逆符号の電荷をもつイオンと引力で結合した状態を指す．電気陰性度（原子が共有電子対を引きつける力の尺度，図3-1）の差が大きい原子間で起こり，電気陰性度が低い原子が電子を失い，高い原子が電子を受け取り，それぞれ対応する希ガスと同じ電子配置の陽イオンと陰イオンになる．陽イオンと陰イオンが互いに引き合うと塩を形成する．

* 希ガスともいう．英語のnoble gasに合わせ，最近表記が「貴ガス」に変更された．

⛬ 電気陰性度
電気陰性度は，原子ごとの相対的な尺度である．一般的には，周期表の左下に位置する元素ほど小さく，右上ほど大きくなる．

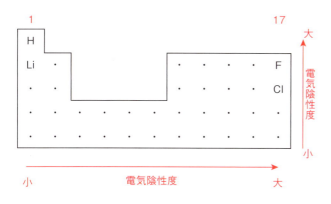

図 3-1　電気陰性度

　それに対し共有結合は，電気陰性度が等しいか近い原子間で生じる．電子の移動は起こらず，電子を共有することで希ガスの電子配置をとる．原子が最外原子殻に8個の電子配置をとろうとする傾向（オクテット則）に基づいて電子が共有される．とくに有機化学では，反応の進行に伴ってさまざまな共有結合が生じ，いろいろな分子が形成される．

⛬ オクテット則
第二周期の原子が分子やイオンを形成するとき，最外殻の電子が8個になること．最外殻に電子が8個ある状態は希ガスと同じ電子配置であり，より安定で電子状態をつくろうとする．

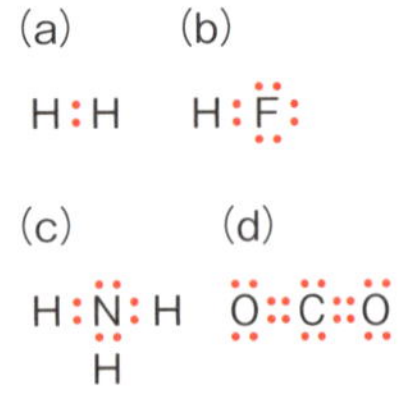

3-2-2 Lewis 構造と共鳴

有機化合物の共有結合を理解するためには，分子構造を Lewis 構造式を用いて描くと理解しやすい．Lewis 構造式では，分子やイオンを構成している原子の結合をその価電子だけを用いて表す．各原子は希ガスの電子配置になるように電子を移動させて共有する．水素原子の場合は，電子 1 個を他原子から共有することで，ヘリウムと同じ電子配置になる．その他の典型元素は，オクテット則を満たすように電子を共有し，結合に寄与しない電子は非共有電子対として記す(図 3-2)．

ただし，オクテット則には例外もある．ホウ素やベリリウムの化合物は，価電子が 8 よりも少ない，反応性の高い化合物を構成する(図 3-3)．また，第 3 周期以上の元素は結合に使える d 軌道をもち，PCl_5 や SO_4^- のように，4 個以上の共有結合をつくることができる(図 3-4)．

Lewis 構造式では，電子を特定の位置に固定させて描いていることにも注意しなければならない．たとえば，二つの単結合と一つの二重結合を含む炭酸イオンを Lewis 構造式で描く場合は，図 3-5 のような三つの構造が描ける．しかし，X 線を用いた構造解析によると，実際には炭酸イオンのすべての炭素 – 酸素結合の長さは等しく，一つの構造として認識できる．このように一つの分子内で電子が非局在化していて，電子が自由に動き回れる場合は共鳴理論を取り入れ，図 3-5 に示すような巻矢印表記法を用いた共鳴構造が描ける．このとき三つの構造を等価として，⟷ を用いて表す．共鳴は平衡ではないので，化学平衡を表す ⇌ は用いてはいけない．この共鳴構造はエネルギー的に安定である*．

図 3-2　共有結合を形成する分子

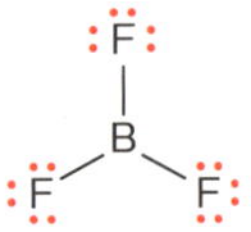

図 3-3　三フッ化ホウ素

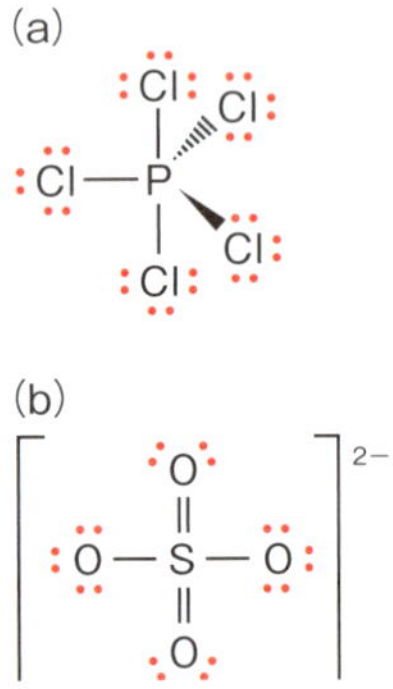

図 3-4　四つ以上の共有結合をもつ分子

＊ 3-5　HOMO と LUMO にも関係するので，あわせて読んでおこう．

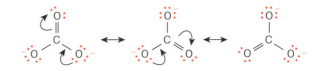

図 3-5　Lewis 構造式による炭酸イオンの表記

例題

巻矢印表記法を用いて，下の化学構造の共鳴構造を描け．

【解答】

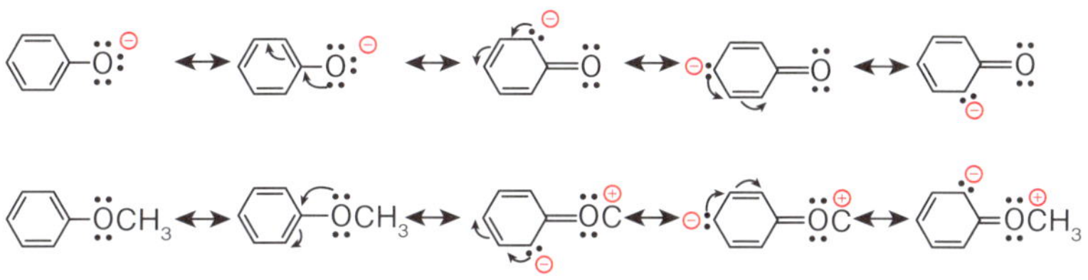

3-3 原子軌道と電子配置

🔍 KEYWORDS

電子軌道　　s軌道　　p軌道　　d軌道　　電子配置

原子内の電子の軌道は，現在の化学では E. Schrödinger が提唱した波動方程式に基づく電子の確率密度によって理解されている．本書では，波動方程式の Ψ（プサイ）*に関する詳細は省略するが，Ψ^2 の値を三次元的にプロットすると，s，p，d の電子軌道の形が描ける．軌道とは電子の存在確率が大きい空間領域のことで，原子には図 3-6 のような軌道が存在する．軌道の相対的なエネルギーは，1s 軌道の電子は正電荷をもつ原子核に一番近いため，そのエネルギーは最も低い（安定である）．次に，2s と 2p 軌道を比べると，2s 軌道は 2p よりもエネルギーが低く，また三つの 2p 軌道はすべて同じエネルギーをもつ．図 3-7 に s および p 軌道の形を示した．s 軌道は球状であり，p 軌道は x，y，z 平面に対して接した二つの球形で表すことができる．ここで，波動方程式の符号は電荷とは無関係であり，

*Ψ は一般的に波の振幅を表わす関数として使われるが，ここでは確率振幅を表わす関数を示す．これは原子の電子状態を記述するための状態関数とも呼ばれ，電子の位置と時間の関数である．もっと詳しく知りたいときは，量子力学を詳しく勉強しよう．

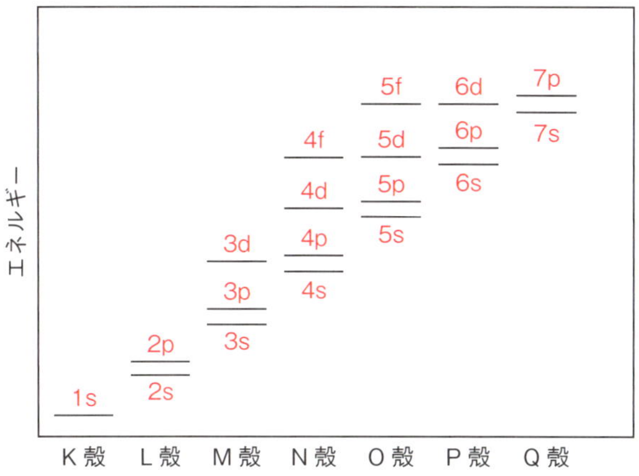

図 3-6　電子殻と電子軌道

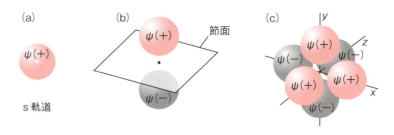

図 3-7 s 軌道と p 軌道の形
(a) s 軌道　(b) 2p 軌道は(＋)と(－)の位相が異なる二つのローブ(lobe；葉状)をもっている　(c) 三つの 2p 軌道の(＋)と(－)のローブはそれぞれ x, y, z 軸に沿って対照的に配置している．

存在確率の大小を意味するものではない．

原子の電子配置はいくつかのルールによって理解できる．エネルギーが低い軌道から順に占有される．また，Pauli の排他原理によって一つの軌道には最高 2 個の電子が入ることができ，その 2 個の電子のスピン(電子はそれぞれ自転している)の向きは互いに逆である．さらに Hunt の規則によって，2p 軌道のようにエネルギーの等しい複数の軌道が存在するときは，同じスピンの電子が 1 個ずつ分かれて別の軌道に入る．それらの軌道にすべて 1 個の電子が入ると，スピンが対になるように二つ目の電子が軌道に入る．これらのルールに基づくと，第 2 周期の元素の電子配置は図 3-8 のようになる．

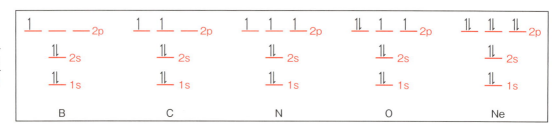

図 3-8 おもな第 2 周期元素の電子配置

例題

^{14}Si と ^{17}Cl の電子配置を示せ．また，3p 軌道については，電子のスピンを矢印を用いて示せ．

【解答】

Si　　　　　　　Cl

3-4　分子軌道

🔍 KEYWORDS

結合性分子軌道　　反結合性分子軌道　　混成軌道　　VSEPR

　有機合成において最も重要なことは，どのようにして原子が結合して分子を形成するかを理解することである．そのためには原子軌道の重なりが非常に重要となる．最も単純な例として，水素分子を考えてみよう．2個の水素原子が結合して分子を形成する過程での水素原子の核間距離と二つの水素原子のエネルギーの合計の関係を図3-9に示す．水素原子どうしが離れている場合には，エネルギーは独立した水素原子の和であるのに対して，原子が近づくにつれて，電子とその引力によってそのエネルギーの合計は低くなる．そして，原子間距離が結合距離(0.74Å)になった時に，合計のエネルギーは最も低くなる．さらに2原子が近づくと，正電荷をもつ原子核同士の斥力が働き，合計のエネルギーは急激に上昇する．

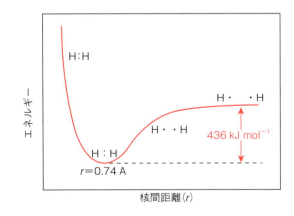

図3-9　水素分子のポテンシャルエネルギー

このときの電子の軌道について見てみると，原子が近づくにつれて，互いの1s軌道が重なりはじめる．その重なりは原子間距離が短くなるにつれて増大し，原子軌道が結合して，分子軌道（molecular orbital）を形成する．二つの原子軌道からは，結合性分子軌道と反結合性分子軌道の二つの分子軌道ができ，そのエネルギーの関係は図3-9のように表される．それぞれの分子軌道は，原子軌道と同様に2個のスピンの異なる電子を収容できるので，基底状態の分子では，電子は結合性分子軌道に収容される．なお，これに適当なエネルギーを与えると，電子が反結合性分子軌道に入り，励起状態と呼ばれる状態になる．

> **基底状態と励起状態**
> 原子や分子における全電子軌道のうち，最も安定な軌道に電子がある状態を基底状態といい，それ以外の軌道に電子があるときを励起状態という．励起状態では，エネルギー的に不安定であるため，一般的に反応性が高い．

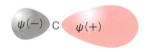

図3-10　sp³混成軌道

3-4-1　混成軌道

1s軌道しかもたない水素原子とは異なり，第2周期以上の原子は，2s軌道と2p軌道をもつため，量子力学に基づく軌道の混成の概念が必要になる．つまり，s軌道とp軌道の混成によって新たな混成軌道が生まれる（図3-10）．メタンの構造を説明するためには，炭素の2s軌道と三つの2p軌道，計4個の軌道が混成し，新たな4個のsp³混成軌道ができる．ここで，sp³軌道はもとのp軌道の性質をもっているため，空間的に広がっている．この軌道と水素原子の1s軌道が重なることで，炭素−水素の結合性の分子軌道ができる（図3-11）．このようなsp³軌道と1s軌道によって形成される結合はσ（シグマ）結合と呼ばれる．メタンは等価な4個のσ結合から形成されるため，正四面体構造をとる（図3-12）．また，エタンの場合，炭素−炭素結合はsp³軌道同士の重なりでできるσ結合によって形成される（図3-13）．このとき，軌道の種類にかかわらず，単結合で結ばれた原子は比較的自由に回転することができる．

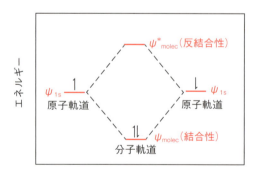

図3-11　水素分子の結合性軌道と反結合性軌道とそのエネルギー

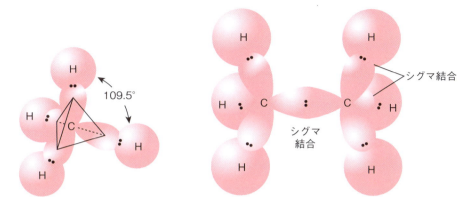

図 3-12　メタンの構造と分子軌道　　図 3-13　エタンの構造と分子軌道

コラム　結合性分子軌道と反結合性分子軌道

　二つの原子間距離が小さくなると，電子の波動関数が重なり合い始める．そして，重なり合った二つの軌道は，もとの原子の準位よりもエネルギー的に低い軌道と高い軌道の二つの分子軌道へと分裂する．たとえば水素分子では 1s 軌道は二つの分子軌道へと分裂する．低いほうの軌道はもとの原子軌道よりもエネルギー的に低いため，より安定であり，二つの H 原子が H_2 へと結合するのを促進する．これを結合性分子軌道という．一方，エネルギーが高いほうの軌道はもとの原子軌道よりもエネルギー的に高く，より不安定である．よって，結合を妨害するように働き，これを反結合性軌道という．通常，エネルギー図で示す場合，反結合性の軌道には，ψ^*，σ^*，π^*，のように"＊"を付けて表す．

　なお，軌道には $\Psi_{(+)}$，$\Psi_{(-)}$ のように位相が異なる軌道が存在する（図では灰色と色で示す）．反結合性軌道では波が弱め合い，その結果電子がまったく存在しない部分が生まれる．これを節と呼ぶ．

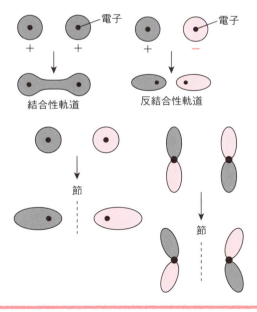

次に，多重結合について考えてみよう．アルケンでは，炭素−炭素二重結合が含まれている．たとえば，エテンの空間的な配列はメタンのような四面体構造ではなく，同一平面で考えることができる．この二重結合を考えるには，一つのs軌道と二つのp軌道からなるsp^2混成軌道を考えなければならない．2s軌道と二つの2p軌道が混成し，三つのsp^2軌道をつくり，電子1個は混成に関与しないp軌道に残っている（図3-14）．エテンの分子軌道は，炭素−水素のsp^2軌道と1s軌道の重なりが4個と，炭素−炭素のsp^2軌道同士の重なりの計5個のσ結合によって骨格ができており（図3-15），2個の電子は，混成せずにそれぞれの炭素上のp軌道に残ったままである．ここで，平行なp軌道はσ結合の平面上で上下に重なっていて，この重なりは新たなπ（パイ）結合という共有結合をつくる（図3-16）．このとき，結合間に節ができ，結合性および反結合性のπ軌道を形成する．このように，σ−π結合で構成される二重結合は，p軌道の重なりによって形成されるため，炭素−炭素結合が回転するためには大きなエネルギーが必要になる．したがって，二重結合の回転は抑制され，その結果として，シス−トランス異性体が生じる．

　三重結合を形成するアルキンの場合には，2s軌道と2個の2p軌道から

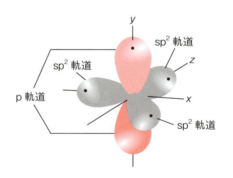

図3-14　sp^2混成軌道

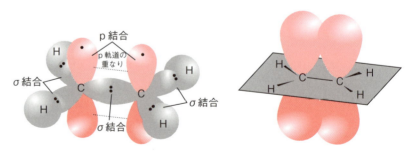

図3-15　エチレンの構造と電子軌道　　図3-16　エチレンのπ結合

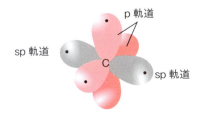

図3-17 sp混成軌道

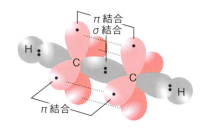

図3-18 アセチレンの構造と電子軌道

新たな2個のsp混成軌道をつくり，2個の2p軌道が残った状態になる（図3-17）．アセチレンの場合，2個の炭素-水素結合と1個の炭素-炭素結合がいずれもσ結合で形成され，残った2p軌道は，2個のπ結合を形成する（図3-18）．ちなみに，炭素-炭素結合の結合距離は，単結合＞二重結合＞三重結合の順になる．これは電子の存在範囲が狭く，エネルギー的により安定なs軌道と，相対的に電子の存在範囲が広くエネルギー的により不安定なp軌道の性質を反映したものであり，sp^3軌道はs性が低いのに対して，sp軌道はs性が高いためである．その結果，s性の大きな混成軌道に結合した水素は炭素の原子核との反発が大きく，H^+が脱離しやすくなる（表3-1）．

s性と陰イオンへのなりやすさ

混成軌道のs性はsp混成軌道が50%，sp2混成軌道は33%，sp3混成軌道が25%である．s性が高いほど電子は原子核の近くにあり，負電荷を安定化させやすい．したがって，H^+を放出して陰イオンになりやすい．

表3-1 炭素酸のpK_a値

炭素酸	pK_a	共役塩基	炭素酸	pK_a	共役塩基
CH_3-CH_3	50	CH_3-CH_2^-	⌬H,H (シクロペンタジエン)	15	⌬C^--H
CH_4	48	CH_3^-	$(ROOC)_2CH_2$	13.5	$(ROOC)_2CH^-$
$H_2C=CH_2$	44	$H_2C=CH^-$	$(NC)_2CH_2$	11.2	$(NC)_2CH^-$
Ph-CH_3	39	Ph-CH_2^-	$CH_3COCH_2CO_2R$	10.2	$CH_3COCH^-CO_2R$
$CH_2=CH$-CH_3	38	$CH_2=CH$-CH_2^-	CH_3NO_2	10.2	$^-CH_2NO_2$
Ph_3CH	29	Ph_3C^-	$(CH_3CO)_2CH_2$	9.0	$(CH_3CO)_2CH^-$
HC≡CH	25	HC≡C^-	$O_2NCH_2CO_2CH_3$	5.8	$O_2NC^-HCO_2CH_3$
CH_3CN	25	$^-CH_2CN$	$(O_2N)CH_2$	3.6	$(O_2N)CH^-$
CH_3COCH_3	20	$CH_3COCH_2^-$			

例題

プロピレンの構造と電子軌道を図3-15, 18のように描け．

【解答】

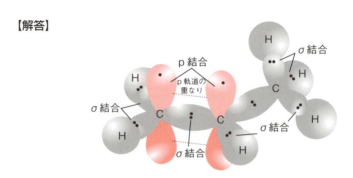

発展 π相互作用

生体内では非常に精密な分子認識，反応，シグナル伝達が常に行われている．これらにおいては，イオン結合や水素結合などの比較的強い相互作用のほかに，電子の分散力に起因するπ相互作用が強く関与している．

π相互作用とは，その名のとおりsp2混成軌道で形成されるπ電子雲が関与する相互作用のことで，部分的に電子が局在化しやすい芳香環との相互作用で見られる．具体的にはCH-π，ハロゲン-π，π-πなどがある．生体内で糖鎖が認識される際，糖鎖のアキシアル位の水素がタンパク質の芳香族と弱い相互作用を示す．これは，電子豊富な芳香環内部と電子不足な水素が引き合うことで起こる．また，電子が豊富と思われている塩素，臭素などのハロゲン原子も，実は結合軸方向の先端にσホールと呼ばれる電子不足領域が存在し，この部分と電子豊富な芳香環が引き合うことで，弱い相互作用が起こる．

芳香環同士の重なりによる相互作用を利用すると，連続的な芳香族であるC60フラーレンと半球面構造のコランニュレンとの特異的な相互作用を見ることもできる．また，π相互作用を用いることで，連続的な相互作用の精密な組み合わせによって，金属有機構造体（Metal-organic framework, MOF, P107の発展コラムも参照）の開発にも活用されている．

これらの微弱な相互作用は，おもにNMRでのケミカルシフトの変化や，紫外吸収スペクトル変化，分子動力学的なシミュレーションで解析されているが，実験的なアプローチはまだ十分であるとはいえない．今後，π相互作用を利用したさまざまな応用研究が展開されると考えられている．

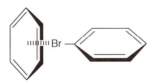

3-4-2 分子の形状

ここまで述べたような量子力学的な理論を考えなくても，**原子価殻電子対反発**(valence shell electron pair repulsion, **VSEPR**)モデルを適用することでも，分子やイオンの形状を予想することが可能である．中心の原子が2個以上の原子と共有結合している分子では，結合性の電子対と非共有電子対を考える．電子対は互いに反発するので，できるだけ離れようとする傾向があり，非共有電子対はその反発がより大きい．そのように考えると，メタンは図3-12と同じく正四面体構造が最も安定である(図3-19a)．アンモニアの場合は，非共有電子対から窒素－水素結合の共有電子対が離れようとするため，三角錐に近い構造になる(図3-19b)．また，水分子は酸素原子上に2組の非共有電子対があるため，その反発のほうが水素原子どうしの反発よりも大きく，二つの酸素－水素結合がつくる角は105°になる(図3-19c)．このようにして，電子対の数を考慮すれば分子やイオンのおおよその構造を推定することができる．

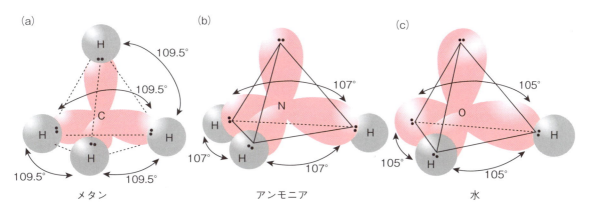

図3-19　四面体構造をとる分子

例題

VSEPRモデルを考慮して，BF_3およびCO_2の結合角を予想せよ．

【解答】　BF_3；120°，CO_2；180°

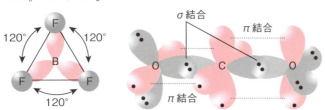

《解説》 ホウ素の価電子は3個で，BF₃ではこれらの電子はそれぞれフッ素と共有されている．3組の結合電子対はそれぞれが最も遠く離れるように位置するため，BF₃は正三角形の構造をもち，その結合角は120°となる．CO₂は直交するsp軌道がそれぞれ酸素と結合する直線構造をとるので，結合角は180°である．

3-5 HOMO と LUMO

1981年にノーベル化学賞を受賞した福井謙一氏によって提唱されたフロンティア軌道は，ある分子の最高被占軌道(highest occupied molecular orbital, HOMO)が別の分子の最低空軌道(lowest unoccupied molecular orbital, LUMO)と相互作用するときに化学反応が起こるという考え方である．ここで，HOMOは電子の入った軌道(被占軌道)のうち，最もエネルギーが高い，すなわち最も不安定な軌道であり，そこに含まれる電子は反応性に富んでいる．一方，LUMOは電子の入っていない軌道(空軌道)のなかで最もエネルギーの低い，すなわち最も安定な軌道のことであり，電子受容性に富んでいる．たとえば，三フッ化ホウ素とフッ化物イオンとの反応では，HOMOはフッ素の被占2p軌道であり，LUMOはホウ素の空の2p軌道である(図3-20)．同様に，水酸化物イオンとリチウムイオンの反応では，OH⁻の被占非結合性軌道(酸素原子の一つのp軌道)がHOMO，Li⁺の空の2s軌道がLUMOになり，アンモニアと塩化水素の反応では，NH₃の被占非結合性軌道(非共有電子対が入ったsp3軌道)が

被占非結合性軌道
電子によって占有された非結合性軌道であり，通常はHOMOとなる．

反結合性σ結合
σ結合性の軌道のうち，反結合性の軌道．

Lewis酸とLewis塩基
化学反応において，電子対を受け取る物質をLewis酸，電子対を与える物質をLewis塩基という．電子対を受け取る物質は，電子が少なくとも二つ不足している化学種であり，電子を受け取ることで安定構造をとる．電子対を与える物質は，少なくとも1対の孤立電子対をもち，Lewis塩基の孤立電子対がLewis酸と共有されて新しい結合ができる．

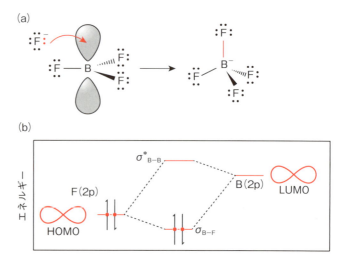

図3-20　三フッ化ホウ素のHOMOとLUMO

3-5 HOMO と LUMO ● 89

HOMO，HCl の空の σ^* 軌道（反結合性 σ 結合）が LUMO になる．4 章で詳しく説明するが，Lewis 塩基が Lewis 酸と反応することと，HOMO と LUMO の相互作用により安定な分子軌道を形成することは，本質的には同じである．HOMO と LUMO の反応が，有機化学反応を統一的に理解するために重要である．

例題

次の三つの反応における HOMO と LUMO はどれか答えよ．

(a)　$:NH_3$ ＋ $H-\ddot{\underset{..}{Cl}}:$　$\rightleftharpoons$　$\overset{\oplus}{N}H_4$ ＋ $:\ddot{\underset{..}{Cl}}:^{\ominus}$

(b)　$\overset{\ominus}{:}\ddot{\underset{..}{O}}H$ ＋ H_3C-I $\rightleftharpoons$ $H\ddot{\underset{..}{O}}-CH_3$ ＋ $:\ddot{\underset{..}{I}}:^{\ominus}$

(c)　$:\overset{\ominus}{\underset{..}{C}}N:$ ＋ $\rangle-\ddot{\underset{..}{Cl}}:$ $\rightleftharpoons$ $:NC-\langle$ ＋ $:\ddot{\underset{..}{Cl}}:^{\ominus}$

【解答】

(a) HOMO：アンモニアの被占非共有結合
　　LUMO：塩化水素の空の σ^* 軌道
(b) HOMO：ヒドロキシイオンの被占非共有結合
　　LUMO：ヨウ化メチルの空の σ^* 軌道
(c) HOMO：シアン化物イオンの炭素原子上の被占非共有結合
　　LUMO：C–Cl 結合の空の σ^* 軌道

《解説》　反応生成物から電子の授受を考えると，これらの反応は次のように考えられる．

(a)　$:NH_3$ ＋ $H-\ddot{\underset{..}{Cl}}:$　$\rightleftharpoons$　$\overset{\oplus}{N}H_4$ ＋ $:\ddot{\underset{..}{Cl}}:^{\ominus}$

(b)　$\overset{\ominus}{:}\ddot{\underset{..}{O}}H$ ＋ H_3C-I $\rightleftharpoons$ $H\ddot{\underset{..}{O}}-CH_3$ ＋ $:\ddot{\underset{..}{I}}:^{\ominus}$

(c)　$:\overset{\ominus}{\underset{..}{C}}N:$ ＋ $\rangle-\ddot{\underset{..}{Cl}}:$ $\rightleftharpoons$ $:NC-\langle$ ＋ $:\ddot{\underset{..}{Cl}}:^{\ominus}$

90 ●3章 原子，分子の成り立ちと電子の働き

章末問題

1 次の元素の電子配置を示せ．
  a ナトリウム   b 酸素   c カルシウム

2 アンモニアとアンモニウムイオンの構造を混成軌道を考慮して示せ．

3 次の化合物の炭素原子の混成軌道の種類を述べよ．
  a ホスゲン（Cl_2CO）   b エチン（$CH \equiv CH$）
  c 四塩化炭素（CCl_4）

4 次の反応について，HOMO と LUMO をエネルギー座標を用いて描け．

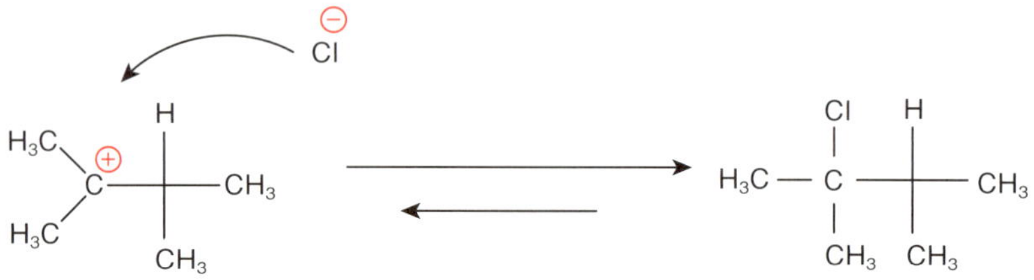

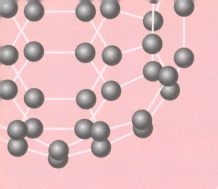

第 4 章
有機反応の基礎
Fundamentals in Organic Reactions

到達目標

有機反応の基本となる酸・塩基の考え方を理解し，さまざまな反応および反応機構を学ぶ．さらに有機反応にかかわる熱力学と反応速度論から，有機反応の優位性を判断できるようにする．

4-1 酸・塩基

 KEYWORDS

Brønsted-Lowry　　酸解離定数　　pK_a　　Lewis 酸・塩基

有機化学の反応を理解するためには，まず，酸・塩基に関する基本的な原理を学ばなければならない．これはほぼすべての反応が酸・塩基反応を含んでいるからである．分子の構造から推定される反応性や反応の平衡，あるいは反応溶媒の選択を考えるうえでも，酸・塩基の概念は重要である．

4-1-1　Brønsted-Lowry 酸・塩基

高校化学では，酸・塩基は **Brønsted-Lowry**（ブレンステッド・ローリー）論に基づき，酸（acid）をプロトン（H$^+$）を与えることのできる物質，塩基（base）をプロトンを受け取ることのできる物質と定義した．つまり Brønsted-Lowry の酸・塩基反応はプロトンの移動を伴う反応を指した．たとえば水に臭化水素が溶けるときの反応では，強い酸である臭化水素は水にプロトンを与え，水は塩基としてプロトンを受け取り，臭化物イオン（Br$^-$）とオキソニウムイオン（H$_3$O$^+$）が生成する（図 4-1）．このとき塩基が

92 ● **4章　有機反応の基礎**

プロトンを受け取ってできる分子やイオンは，その塩基の共役酸といい，逆に酸がプロトンを失ってできる分子やイオンは,その酸の共役塩基という.

$$H-Br \ + \ H_2O \ \longrightarrow \ Br \ + \ H_3O$$

図 4-1　臭化物イオンとオキソニウムイオンの生成

例題

次の化学種について，共役酸の構造式を示せ.

CH_3-S-CH_3, CH_3-NH_2, CH_3-OH

【解答】

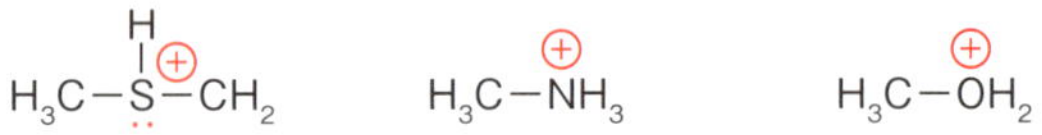

$$H_3C-\overset{\overset{H}{|}}{S}-CH_2 \qquad H_3C-NH_3 \qquad H_3C-OH_2$$

4-1-2　酸・塩基の強さ

Brønsted-Lowry の酸の強さ（酸性度）は，**酸解離定数 K_a** で表される. 酸 HA が水中で解離し，$HA + H_2O \rightleftarrows H_3O^+ + A^-$ の平衡が成り立つとき，K_a は，$K_a = [H_3O^+][A^-]/[HA]$ で表される. ここで，[ ]は各化学種のモル濃度である. たとえば，酢酸は水中で一部が解離し，平衡状態を保っているため，酢酸の K_a は，$K_a = [H_3O^+][CH_3COO^-]/[CH_3COOH]$ となる. K_a の値が大きい酸は強酸であり，K_a が 10 以上の酸は水中で完全解離していると考えてよい.

また，酸解離定数は pH と同じく負の対数を用いて表されることが多く，$pK_a = -\log K_a$ である. 表には，代表的な酸および酸性度（対数）その共役塩基を示した（表 4-1）.

酸性度は化学構造と密接な関係がある. たとえばハロゲン化水素を見ると，ハロゲンの原子番号が大きくなるにつれて酸性度は大きくなる（pK_a が小さいほど酸性度は大きい）. これは，ハロゲン元素の原子番号が大きいほど，水素の 1s 軌道との軌道の重なりが小さくなって，その結合が弱くなり，結果的に強い酸性を示すからである. また，混成軌道も酸性度に影響を与える. アセチレンの水素はエチレンの水素よりも，エチレンの水素はエタンの水素よりも酸性度が高い. これは炭素の混成軌道によって説明することができる. 2s 軌道の電子は 2p 軌道の電子よりも核に近く，エネルギーが低い（安定）. そのため，混成軌道においては s 性が大きいほど

◎━━ 平衡

ものが釣り合って安定していることを平衡といい，化学反応においては，可逆反応の生成物と出発物質の量が変化しない状態を指す.

4-1 酸・塩基 ● *93*

表 4-1 おもな酸とその pK_a 値

酸	pK_a	共役塩基
(cyclohexane)	52	(cyclohexyl anion) :$^-$
CH_3—CH_3	50	CH_3—$\ddot{C}H_2$$^-$
CH_4	49	:$CH_3$$^-$
CH_2=CH_2	44	CH_2=$\ddot{C}H$$^-$
(benzene)	43	$C_6H_5$$^-$
(toluene)	41	(benzyl anion) $\ddot{C}H_2$$^-$
$\ddot{N}H_3$	36	$\ddot{N}H_2$$^-$
HC≡CH	25	HC≡C$^-$
$C_2H_5\ddot{O}H$	16	$C_2H_5\ddot{O}$:$^-$
$H_2\ddot{O}$	15.7	$H\ddot{O}$:$^-$
$CH_3\ddot{O}H$	15	$CH_3\ddot{O}$:$^-$
(phenol) $\ddot{O}H$	9.9	(phenolate) $\ddot{O}$:$^-$
(pyridinium) $\overset{+}{N}$H	5.2	(pyridine) N:
CH_3CO_2H	4.8	$CH_3CO_2$$^-$
HCO_2H	3.7	$HCO_2$$^-$
HNO_2	3.3	$NO_2$$^-$
HF	3.2	:$\ddot{F}$:$^-$
H_3PO_4	2.2	$H_2PO_4$$^-$
HNO_3	−1.4	$NO_3$$^-$
H_2SO_4	−5.2	$HSO_4$$^-$
HCl	−7.0	:$\ddot{C}l$:$^-$
HBr	−9.0	:$\ddot{B}r$:$^-$
R—C≡$\overset{+}{N}H$	~−10	R—C≡N:
HI	−10	:$\ddot{I}$:$^-$

94 ● **4章　有機反応の基礎**

プロトンがはずれたときのアニオンのエネルギーは低く安定である．sp，sp^2，sp^3 混成軌道では，sp 軌道がアニオンで最も安定で，sp^3 軌道が最も不安定になるため，アセチレンが最も高い酸性度を示す．このことは 3-4「分子軌道」で述べた C–H 結合の距離とも関係する．

例題

ギ酸の酸解離定数，K_a は 1.8×10^{-4} である．0.1 M ギ酸水溶液中のオキソニウムイオンとギ酸イオンのモル濃度を求めよ．

【解答】　4.2×10^{-3} M

《**解説**》　ギ酸は以下のような平衡状態にある．

$$HCO_2H + H_2O \rightleftarrows H_3O^+ + HCO_2^-$$

酸解離定数は，$K_a = [H_3O^+][HCO_2^-]/[HCO_2H]$ で表せる．
ここで酸解離定数が小さいことから $[HCO_2H] \approx 0.1$ とみなすことができ，さらに $[H_3O^+] = [HCO_2^-]$ と考えられる．したがって $[H_3O^+] = x$ とすると，
$K_a = 1.8 \times 10^{-4} = x^2/0.1$，　　$x = 4.2 \times 10^{-3}$ M

4-1-3　Lewis 酸・塩基

すでに 3 章「原子，分子の成り立ちと電子の働き」でも言及しているが，1923 年に G. N. Lewis によって酸・塩基の概念は大きく拡張された．われわれが一般的に認識している Brønsted-Lowry のプロトン移動の概念とは異なり，Lewis の酸・塩基論では，酸を電子対受容体，つまり電子対を受け取ることができる物質，塩基を電子対供与体，つまり電子を与えることができる物質と定義した．そのため，Lewis の酸・塩基論では，荷電した化学種間の反応が基本である．たとえば，塩化水素とアンモニアの反応では，電子対受容体のプロトンは窒素と新しい結合をつくるために，塩化

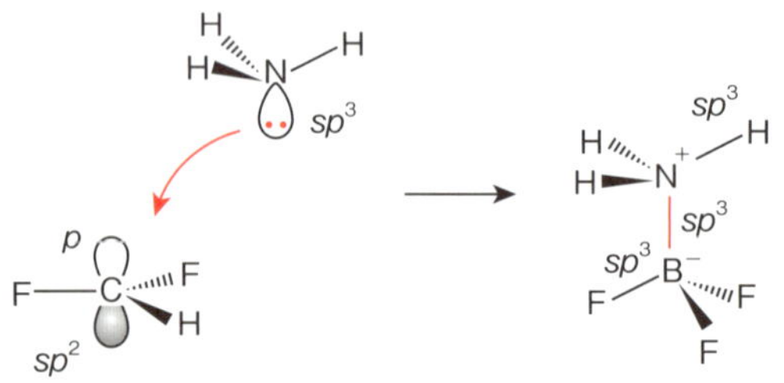

図 4-2　BF$_3$ と NH$_3$

図4-3 カルボカチオンとカルボアニオンの生成

水素はLewis酸，アンモニアはLewis塩基となる．

　強いLewis酸である三フッ化ホウ素(BF_3)とアンモニアの反応を例に考えてみよう．BF_3はホウ素原子上に正電荷をもち，フッ素原子上には負電荷がある(図4-2)．アンモニアでは，非共有電子対の領域に負電荷が局在している．この反応では，アンモニアの非共有電子対はBF_3のホウ素原子を攻撃する．その結果，ホウ素は形式的な負電荷をもち，窒素原子は形式的な正電荷をもつことになる．

　炭素との結合が開裂する際には，カルボカチオンとカルボアニオンが生成する可能性がある(図4-3)．カルボカチオンは電子不足で，Lewis酸としての反応性が高く，アニオンや水をLewis塩基としてすばやく反応する．カルボカチオンのように電子を求める試薬は，求電子試薬と呼ばれ，すべてのLewis酸は求電子試薬である．一方，カルボアニオンは，Lewis塩基であり，自分の電子対を求電子試薬に与えるため，原子の核部分を求めるという意味で，求核試薬と呼ばれる*．

> **例題**
>
> 次のa〜cの反応におけるLewis塩基とLewis酸をそれぞれ示せ．
>
> a　CH_3-CH_2-Cl + $AlCl_3$ → $CH_3-CH_2^+$ + $AlCl_4^-$
> b　CH_3-CH_2-OH + NH_2^- → $CH_3-CH_2-O^-$ + NH_3
> c　CH_3-CH_2-SH + CH_3-O^- → $CH_3-CH_2-S^-$ + CH_3-OH
>
> 【解答】　a　Lewis塩基　CH_3-CH_2-Cl　　Lewis酸　$AlCl_3$
> 　　　　　b　Lewis塩基　NH_2^-　　　　　　Lewis酸　CH_3-CH_2-OH
> 　　　　　c　Lewis塩基　CH_3-O^-　　　　　Lewis酸　CH_3-CH_2-SH

カルボカチオン

カルボカチオンとは，電子が不足して正に帯電した炭素を指す．炭素から出るsp2混成軌道がほかの原子と結合している．カルボカチオンの安定性は，第三級＞第二級＞第一級＞メチルカチオンの順である．

カルボアニオン

カルボアニオンは負に帯電した炭素を指し，カルボカチオンとは異なり，孤立電子対をもつためsp3混成軌道となる．カルボアニオンの安定性は，第三級＜第二級＜第一級＜メチルカチオンであり，カルボカチオンとは逆である．

*この反応は，前章でも述べたHOMOとLUMOでも考えることができ，BF_3の空のp軌道がLUMO，アンモニアの非共有電子対がある軌道がHOMOになる．

4-2 反応と反応機構

KEYWORDS

付加反応　　置換反応　　脱離反応　　転位反応
反応機構

4-2-1 反応の種類

有機反応は，付加反応，置換反応，脱離反応，および転位反応のいずれかに分けることができる．それぞれの反応を図4-4に示す．

付加反応では，二つの反応物が反応する際に，原子を余すことなく新たな生成物をつくる．たとえば，反応性の高いエチレンは，臭素や水と反応して二重結合が切れた化合物を生成するが，このとき，反応物中のいずれの原子も生成物に含まれる(図4-4a)．

置換反応では，一つの原子あるいは置換基が別の原子や置換基に置き換わる．たとえばメタンに対して臭素を混合して，光を照射すると，メタンの一つの水素原子が臭素に置き換わる(図4-4b)．

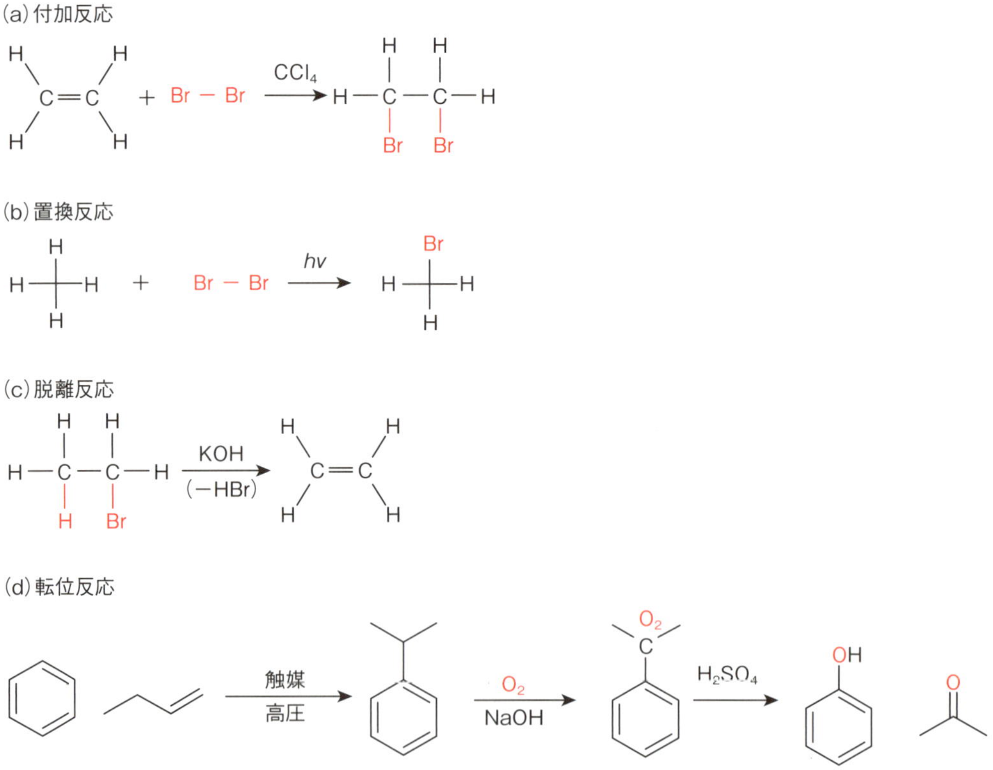

(a) 付加反応

(b) 置換反応

(c) 脱離反応

(d) 転位反応

図4-4　有機反応の種類

4-2 反応と反応機構 ● *97*

　脱離反応は，一つの反応物から二つの化合物が生成する反応であり，い
わば付加反応の逆である．たとえば，臭素化アルカンを塩基性条件で反応
させると，脱臭化水素によってアルケンが生成する(図4-4c)．
　転位反応は分子がその構成部分の再配列を起こす反応である[*]．図4-4(d)
の反応では，ベンゼン環に結合する炭素原子が酸素原子に変化している．

＊たとえば，フェノールの工業
的合成法であるクメン法にも転
位反応が含まれている．

4-2-2　反応機構

　有機反応では，単なる化学反応式だけではなく，Lewis 構造式を用いて，
電子がどのように動くかを理解しながら，反応機構を追っていく必要があ
る．その際，電子の動きはカーブ矢印で示す．ここでは，*tert*-ブチルアル
コールが濃塩酸中で塩化 *tert*-ブチルを生成する反応を例として紹介する
(図4-5)．

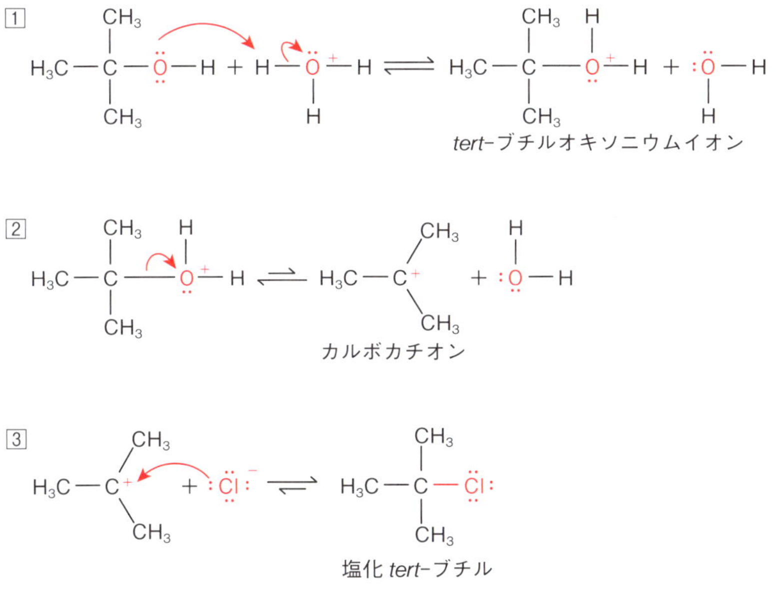

図4-5　*tert*-ブチルアルコールと濃塩酸の反応

　この反応では，3段階の平衡が関与している．第1段階では，*tert*-ブチ
ルアルコールは Lewis 塩基として働き，水溶液中のオキソニウムイオン
から水素を引き抜く．これによって生じた *tert*-ブチルオキソニウムイオ
ンは，アルコールがプロトン化されているために，炭素－酸素結合の共有
電子が酸素に引き寄せられて，ヘテロリシスを起こして開裂し，カルボカ
チオンと水が生成する(第2段階)[*]．4-1-3 で述べたように，カルボカチ
オンは Lewis 酸であるから，Lewis 塩基である塩化物イオンと反応して

＊有機化学の反応では，常に共
有結合の開裂，生成が含まれて
おり，基本的には2種類の開裂
する方法がある．
　一つは，開裂する断片の一方が
2個の共有電子を取り，もう一
方の断片には空の軌道しか残ら
ない開裂で，不均質開裂(ヘテ
ロリシス)と呼ばれる．この場
合，正電荷と負電荷をもったイ
オンが生成する．
　もう一つの開裂は，各断片が共
有結合電子を1個ずつもったま
ま開裂するもので,均質開裂(ホ
モリシス)と呼ばれる．このと
き，不対電子をもったラジカル
が2個生成する．

98 ● 4章　有機反応の基礎

塩化 *tert*-ブチルが生成する（第3段階）.

　これらの反応は，すべて平衡状態にあり，とくに第1段階の平衡はそれ
ほど積極的に起こるわけではない．また第2段階も，生成するカルボカチ
オンよりも出発物質であるオキソニウムイオンの方が安定であるため，平
衡はやや左側に偏っている．しかし第3段階の Lewis 酸・塩基反応にお
ける平衡は，塩化 *tert*-ブチルが生成する右側（生成物）に平衡が偏ってい
るため，すべての平衡が移動することで，結果的にすばやく反応が進行し
ているように見える.

　このように有機反応では，一つの化学反応式のなかにいくつもの平衡が
関与している反応がほとんどであり，Lewis 構造式を用いて電子の動きを
追いかけることで，段階的な中間生成物の存在を考えながら，最終的な生
成物がどのようにしてできるかを理解することができる.

例題
フェノールと水酸化ナトリウムの水溶液を混合した際に起こる酸塩基反応
を Lewis 反応式を用いて示せ.

【解答】

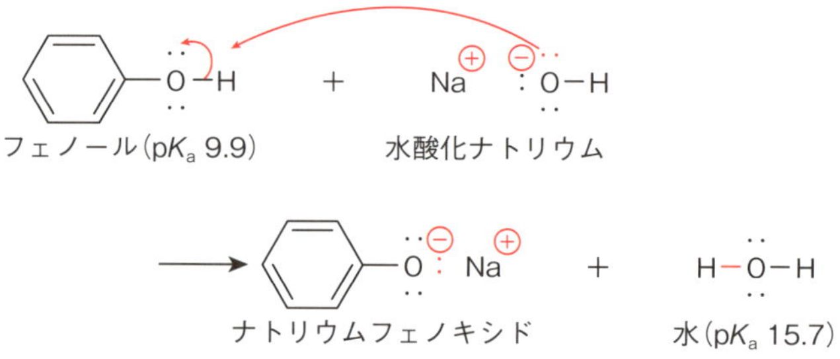

フェノール（pK_a 9.9）　　　　水酸化ナトリウム

ナトリウムフェノキシド　　　　水（pK_a 15.7）

《解説》　酸塩基反応は，常に弱い酸と弱い塩基が生成するほうに偏る．こ
の反応の場合，強い酸（フェノール）と強い塩基（NaOH）から，弱い酸（水），
弱い塩基（ナトリウムフェノキシド）が生成する.

4-3 反応の熱力学

> 🔍 **KEYWORDS**
>
> エンタルピー　　　エントロピー　　　自由エネルギー
> 平衡定数

　図4-5の平衡反応からわかるように，出発物質から生成物ができるまでにはそれらを結ぶ遷移状態がある．反応の過程からその中間生成物を予想することも重要であるが，反応における熱力学的な理解，つまり，反応前後でどちらがエネルギー的に安定なのか，どの程度のエネルギーを与えれば反応が進行するのかを考えることも重要である．そこで，いくつかの熱力学的パラメータを考えてみよう．

🔑 遷移状態

化学反応が進行する過程で，出発物質から生成物ができるまでのあいだにできる，最もエネルギーが高い状態．反応おける中間体であり，エネルギー的に不安定なため，基本的に取り出すことはできない．

4-3-1 エンタルピー

　化学反応では，反応に伴って熱を放出する発熱反応と熱を吸収する吸熱反応があり（図4-6），**エンタルピー**（enthalpy, H）は，発熱反応では減少し，吸熱反応では増大する．ここで，エネルギー保存の法則（熱力学第一法則）を考慮すると，エンタルピーの変化量（ΔH）と熱量変化（ΔQ）の関係は，

$$\Delta H - \Delta Q = 0 \tag{4-1}$$

となる．ここでΔHについてもう少し詳しく見てみよう．圧力一定における化学反応では，内部エネルギーの変化（ΔU）は熱量（Q）と仕事量（W）の変化で表され，

$$\Delta U = \Delta Q + \Delta W \tag{4-2}$$

である．さらにWは圧力（P）と体積（V）を用いて，$W = -P\Delta V$であるから，

$$\Delta U = \Delta Q - P\Delta V \tag{4-3}$$

と表せる．式4-1と式4-3より，エンタルピーは，

$$\Delta H = \Delta U + P\Delta V \text{ すなわち，} H = U + PV \tag{4-4}$$

となり，このことから$\Delta H < 0$で発熱反応，$\Delta H > 0$で吸熱反応になることがわかる．

🔑 エネルギー保存の法則

「孤立系のエネルギーの総量は変化しない」という物理学における保存則の一つで，熱力学においては，熱力学第一法則と呼ばれる，最も基本的な法則である．

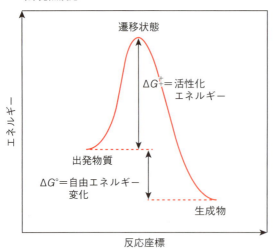
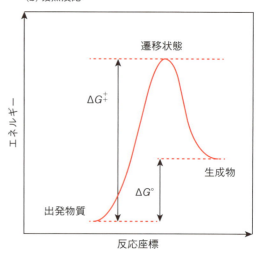

図 4-6 有機反応とエネルギーの変化

4-3-2 エントロピー

次に，新たな指標として，**エントロピー**(entropy, S)を導入する．エントロピーは，分子の乱雑さを示す状態関数であり，温度の上昇や体積の増加によってエントロピーは増大する．簡単な例として，高温 T_H の物体から低温 T_L の物体へ，ΔQ の熱が移動する場合を考えよう．エントロピー変化(ΔS)を絶対温度(T)を用いて，

$$\Delta S = \Delta Q/T \tag{4-5}$$

と定義する．エントロピーの変化量の和は，$-\Delta Q/T_H + \Delta Q/T_L$ となり(二つの物質の熱量変化はどちらも ΔQ のため)，これは正である．つまり，エントロピーの和は増大する．これを定量的表現では，「エントロピーの合計が増大する変化は自然に起きるが，減少する変化は自然には起きない」といい，熱力学第二法則で示されている．

4-3-3 自由エネルギー

エンタルピーが減少($\Delta H < 0$)あるいはエントロピーが増大($\Delta S > 0$)する場合，反応は自然に起こる．しかし，エンタルピーやエントロピーを計算で求めることは難しい．そこで実際に反応が自然に起こりうるのかを知るために，**自由エネルギー**(free energy, G)を導入する．

エントロピーはエネルギー／温度であるので，温度をかけることで，エネルギーとして表記できる．そこで自由エネルギー(G)を次式で定義する．

> **熱力学第二法則**
> 熱は高温から低温に移動し，その逆は起こらないという基本的な法則．孤立系のエントロピーは不可逆変化に増大するという法則であり，エントロピー増大の法則ともいわれる．

$$G = H - TS \tag{4-6}$$

すると自由エネルギーの変化量は，温度と圧力が一定の場合には，

$$\Delta G = \Delta H - T\Delta S = \Delta U + P\Delta V - T\Delta S \tag{4-7}$$

と表すことができる．

ここで，温度と圧力を一定にして，ある物質 n mol を体積 V_0 の溶媒に溶かした場合を考える．そのモル濃度$[C_0]$は，$[C_0] = n/V_0$ で表される．そこで，この溶液を希釈して体積が V になったとき，ΔS は気体定数 R $[8.31 \text{ J}/(\text{K·mol})]$ を用いて，

$$\Delta S = S - S_0 = n\text{R } \log_e([C_0]/[C])^* \tag{4-8}$$

＊ここで S は変化後のエントロピー，S_0 は変化前のエントロピーである．

と表される．この場合，熱の移動がないためエンタルピーは考慮する必要はなく，$\Delta G = -\text{T}\Delta S$ であるので，

$$\begin{aligned}\Delta G = G - G_0 &= -\text{T}(S - S_0) = -n\text{RT } \log_e([C_0]/[C]) \\ &= n\text{RT } \log_e([C]/[C_0])\end{aligned} \tag{4-9}$$

となる．つまり，溶液を希釈，混合するとき，分子の占める体積が大きくなるため，エントロピーは増大し，自由エネルギーは減少するといえる．

次に，反応系における自由エネルギーを理解するために，高校でも学んだ標準状態$(298.16 \text{ K}, 1.013 \times 10^5 \text{ Pa})$での標準生成自由エネルギー変化$(\Delta G^\circ)$を考える．濃度 C の理想溶液のもつ 1 mol あたりの自由エネルギー ΔG^*は，

$$\Delta G = \Delta G^\circ + \text{RT } \log_e([C]/[C_0]) \tag{4-10}$$

＊$\Delta G < 0$ の反応を発エルゴン反応と呼び，反応が自然に起こる可能性がある．$\Delta G < 0$ のときは，吸エルゴン反応と呼び，反応は自然に起こらない．

で表される．平衡反応$(a\text{A} + b\text{B} \rightleftharpoons c\text{C} + d\text{D})$における平衡定数 K を，標準生成自由エネルギー変化を用いて考えると，この平衡反応における標準生成自由エネルギー変化(ΔG°)は，

$$\Delta G = \Delta G^\circ + \text{RT } \log_e[\text{C}]^c + \text{RT } \log_e[\text{D}]^d - \text{RT } \log_e[\text{A}]^a - \text{RT } \log_e[\text{B}]^b \tag{4-11}$$

となる．ここで $K = ([\text{C}]^c[\text{D}]^d)/([\text{A}]^a[\text{B}]^b)$ であるから，

$$\Delta G = \Delta G^\circ + \text{RT } \log_e([\text{C}]^c[\text{D}]^d)/([\text{A}]^a[\text{B}]^b) = \Delta G^\circ + \text{RT } \log_e K \tag{4-12}$$

このとき，平衡が成り立っているとすると，$\Delta G = 0$ であるから，

$$\Delta G^\circ = -\text{RT } \log_e K \tag{4-13}$$

> **コラム** ミカエリス・メンテン式

単純で不可逆的な有機化合物の反応，A → B では，反応速度 v は，$v=k[A]$ で表され，このとき k は反応固有の反応速度定数を示している．一方，生体内での酵素の働きを速度論的に考える場合，ミカエリス・メンテン式がよく用いられる．

ある酵素 E(enzyme) が基質 S(substrate) と結合して，基質−酵素複合体 ES を形成し，さらに，反応物 P(product) を生成する一連の反応では，以下の機構が成り立つ．

$$E + S \underset{k_{-1}}{\overset{k_{+1}}{\rightleftarrows}} ES \overset{k_2}{\longrightarrow} E + P$$

このとき，k_{+1}, k_{-1}, k_2 はそれぞれ，反応速度定数である．また，ES が生成する反応は迅速に進行し，ES から P が生成する反応を律速と仮定する．E と S の濃度が平衡に達しているとき，そのときの ES の解離定数 K_d は，

$$K_d = ([E][S])/[ES] \quad \text{------(1)}$$

で表される．さらに，反応系において酵素 E の全濃度を $[E]_0$ とすると，

$$[E] + [ES] = [E]_0 \quad \text{------(2)}$$

が成立する．ここで，(1)，(2) から，

$$[ES] = ([E]_0[S])/(K_d + [S]) \quad \text{------(3)}$$

となる．また，P の生成反応が律速であるから，反応速度 v は，

$$v = k_2[ES] \quad \text{------(4)}$$

で表され，最終的に反応速度は，

$$v = (k_2[E]_0[S])/(K_d + [S])$$

と変形できる．ここで，図のように反応速度の最大値 V_{MAX} は，$k_2[E]_0$ であることから，

$$v = (V_{MAX}[S])/(K_d + [S])$$

と表すことができる．これがミカエリス・メンテン式である．

ここでは，最も単純な考え方で，基質−酵素複合体生成の反応が迅速に進行すると仮定したが，この反応の平衡を考慮した場合にも，同様に反応速度を求めることができる．さらに，酵素反応にさまざまな阻害が働く複雑な系であってもパラメータを増やすことで，反応速度を求めることができる．生化学では頻繁に用いられる式として，ミカエリス・メンテン式を覚えておくとよい．

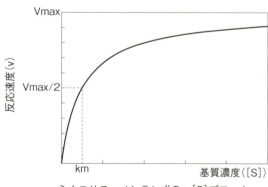

ミカエリス・メンテン式の v-[S] プロット

となる.

このように，熱力学的な考えを考慮することによって，有機化学反応における反応の向きがどちらに優位に働くかを考えることができる.

ここで，圧力一定の場合，$\Delta Q = \Delta U + P\Delta V$ であるから，エントロピーの定義を用いて，

$$\Delta S = \Delta Q/T = \Delta U/T + P\Delta V/T \tag{4-14}$$

が成り立つ．ここで，定積モル比熱（$\Delta U = nC_V\Delta T$，C_V は定積モル比熱容量），状態方程式（$PV = nRT$，n はモル数）から，

$$\Delta S = nC_V\Delta T/T + nR\Delta V/V \tag{4-15}$$

である．ΔS を求めるために，この式を積分系にすると

$$\Delta S = \int dS = nC_V\int dT/T + nR\int dV/V \tag{4-16}$$

となる．ここで，温度一定の場合で体積が V_0 から V に変化したとき，

$$\Delta S = nR\int dV/V = nR\,\mathrm{log}e\,(V/V_0) \tag{4-17}$$

が導かれる.

例題

平衡 $X + Y \rightleftarrows Z$ において，$\Delta H° = -30.0\,\mathrm{kJ/mol}$，$\Delta S° = -70.0\,\mathrm{J/mol}$ であるとき，30℃および250℃における$\Delta G°$を求めよ.

【解答】 30℃のとき $-8.79\,\mathrm{kJ/mol}$，200℃とき $6.61\,\mathrm{kJ/mol}$

《解説》 標準生成自由エネルギーの変化については，$\Delta G° = \Delta H° - T\Delta S°$ が成り立つ.

30℃のとき，$\Delta G° = (-30\,\mathrm{kJ/mol}) - 303(-70\,\mathrm{J/mol})$であるから，
$\Delta G° = -8.79\,\mathrm{kJ/mol}$ となる.

200℃のとき，$\Delta G° = (-30\,\mathrm{kJ/mol}) - 523(-70\,\mathrm{J/mol})$であるから
$\Delta G° = 6.61\,\mathrm{kJ/mol}$.

このように，温度によって標準生成自由エネルギー変化の正負が逆転する反応もある.

4-4　反応速度

> **KEYWORDS**
> 活性化エネルギー　　自由エネルギー　　遷移状態
> 反応速度定数　　触媒

　図4-6にもあるように，$\Delta G°$が負であるということは生成物はエネルギー的に安定ということである．しかし，すべての共有結合が切れる反応は，エネルギーの山を越えなければ，安定な生成物に到達しない．通常，反応物と生成物のあいだにはエネルギー障壁が存在し，その高さを**活性化エネルギー**（$\Delta G^‡$）と呼ぶ．エネルギーの頂上は遷移状態に相当し，反応物と遷移状態間の**自由エネルギー**の差が活性化エネルギーである．発熱，吸熱反応に関係なく，この活性化エネルギーは存在し，吸熱反応の場合には$\Delta G°$よりも$\Delta G^‡$が大きいため，より高いエネルギーを与えなければ，この山を越えることはできない．また，同一温度で二つ以上の反応が起こるときは，活性化エネルギーの小さい反応が，活性化エネルギーの大きい反応よりも速く進行する（図4-7）*．

＊発熱的であることは，その反応がすばやく進行することを意味しているわけではない．また，標準状態でも反応が進行することを意味しているわけでもない．

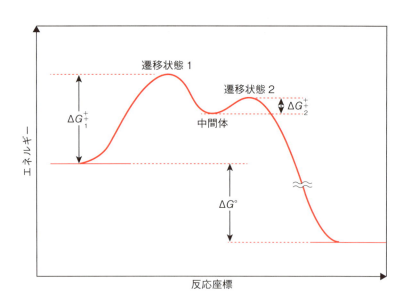

図4-7　活性化エネルギーと反応速度

　化学反応が進む速さは反応速度といい，単位時間あたりの反応物の濃度減少や生成物の濃度増加量で示される（モル／時間）．化学反応は，分子どうしの衝突がなければ起こらないため，反応物の濃度が高いほど反応速度

は大きくなる．したがって，1次反応の速度 v は，反応物 A の濃度に比例し，

$$v = k[\text{A}] \tag{4-18}$$

で与えられる．ここで k は反応速度定数といい，反応固有の値であり，濃度には依存せず，温度，圧力，溶媒などの反応系によって決まる．k は，反応物の濃度によって反応速度がどのように変化するかを測定すれば求めることができる．なお，高次反応では，反応速度定数は複雑になるが，基本的には中間生成物を含めた化学種の濃度の式である．

また，有機合成反応では，触媒が頻繁に用いられる．触媒反応では，非触媒反応とは異なる反応経路をとり，中間生成物は異なるが，最終的な生成物は同じである(図 4-8)．ここで重要なのは，触媒は，活性化エネルギーを小さくすることができるということである．化合物 A と B の結合によって，化合物 C が生成する反応において，触媒 X は，小さな活性化エネルギーで反応物 A と結合し，さらに，生成した A-X も小さいエネルギーで B と反応する．そのため，同じ温度であれば，多くの分子が触媒反応の経路をとるため，反応速度が速くなる*．

*分子の集合は，ボルツマン分布と呼ばれるエネルギー分布をもっている．温度を上昇させてエネルギーを与えると，より多くの分子が活性化エネルギーを超えるだけのエネルギーをもつようになる．

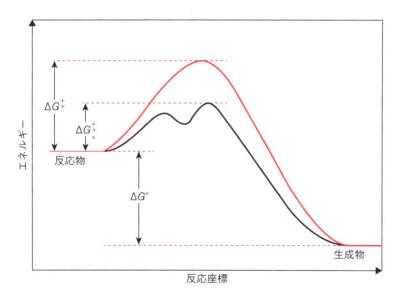

図 4-8　触媒の働きと反応エネルギー

例題

二つのエネルギー図(A),(B)それぞれに関して,反応終了時に存在する化合物および主生成物を示し,各反応の律速段階と活性化エネルギーを図に記せ.

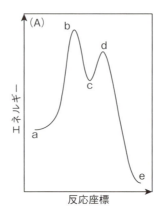
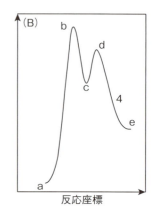

【解答】　(A) 反応終了時に存在する化合物；a, c, e,　主生成物；e
(B) 反応終了時に存在する化合物；a, c, e,　主生成物；a

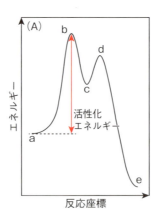
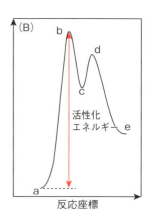

《解説》　いずれの反応においても反応終了時には化合物 a, c, e が存在する.b, d は遷移状態であるため,単離することは不可能である.主生成物は最もエネルギー的に安定な化合物であるため,反応(A)では化合物 e,反応(B)では化合物 a が主生成物となる.
またいずれの反応においても,律速段階は最も高いエネルギー状態である b を経由する反応であり,a→c の反応である.したがって活性化エネルギーも同様に a→c における活性化エネルギーが a→e の活性化エネルギーになる.

発展 MOF

　本書では，有機化学の基礎として，共有結合に関する置換反応，脱離反応および付加反応の機構や性質を学ぶが，その過程のほとんどにおいて触媒（とくに金属触媒）が必要である．金属イオンは有機化合物と配位結合を形成し，反応を促進する．

　近年，金属イオンと有機化合物の自己組織的な配位を利用した，金属有機構造体（Meta-Organic Frameworks，MOF）の研究が進められている．MOF は，一般的に金属イオンと有機化合物（リガンド）を溶媒に加え，高温（150℃程度）で加熱することで得られる結晶性が高く，比表面積の大きい固体である．たとえば，MOF-5 と呼ばれる構造体は，テレフタル酸と $Zn(NO_3)_2$ を 100℃程度で反応させることで得られ，格子状の構造体で，その比表面積は 3500 m^2/g と非常に大きい．

　MOF の規則正しいサイズの空間と，非常に大きい表面積を利用して，CO_2 などのガス状分子の吸着剤としての利用に注目が集まっている．また，合成法を制御することで，ナノメートルサイズのサイコロ（ナノキューブ）や棒状粒子（ナノロッド）を合成することも可能であり，電子デバイスやドラッグデリバリーへの応用も期待される．

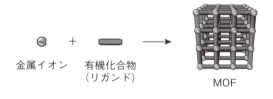

*N,N-ジエチルホルムアミド

章末問題

1 アンモニアの塩基性($pK_b = 4.75$)に対して、アニリンの塩基性($pK_b = 9.4$)は低い。この理由を述べよ。

2 次の化合物を Lewis 酸と Lewis 塩基に分類せよ。
  a Mg^{2+} b $FeCl_3$ c BBr_3 d F^- e CH_3SCH_3

3 次の反応における電子の移動をすべての非共有電子対とカーブ矢印を用いて示せ。
  $CH_2=CH_2$ + HF → $^+CH_2$-CH_3 + F^-

4 反応 1 では、平衡定数 K が 2.0、反応 2 では、25℃における自由エネルギー変化(ΔG)が -0.5 kcal/mol であった。どちらの反応で生成物が多く得られるか答えよ。

5 下のエネルギー図において、反応 I、II のどちらが、発熱量が多いか。また、反応速度が速いのはどちらか答えよ。

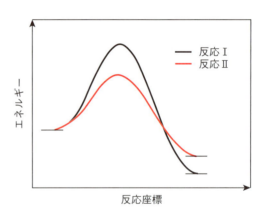

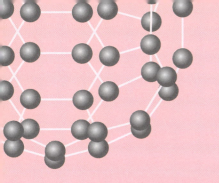

第 5 章

置換と脱離

Substitution Reaction and Elimination Reaction

到達目標

置換反応と脱離反応はほとんどの教科書で別々に取り扱われているが，ここではそれぞれの1分子反応および2分子反応，計4種類の反応をまとめて取り扱い，起こりやすさと競争で場合分けして，有機反応の選択性について習得する．

5-1 置換反応と脱離反応

 KEYWORDS

置換反応　　脱離反応　　競争反応　　反応エネルギー

5-1-1 競争反応

　反応の出発物質（基質）となる有機化合物が，脱離可能な置換基を複数もっている場合（ここではX, Y），陰イオンか非共有電子対をもった塩基性の物質（B⁻，求核試薬と呼ぶ）で処理すると，YとBが入れ替わる**置換反応**（図5-1a）と，XとYがはずれる**脱離反応**（図5-1b）が同時に進行する*．置換反応と脱離反応は別々の反応に見えるが，意外にも実際には同時に進行する反応であり，これを**競争反応**と呼んでいる．この章では，置換反応と脱離反応を例として，これらの反応をまとめて取り扱うことにする．

＊ここで用いる基質の置換基の性質，用いる求核試薬の性質や反応条件によって，その生成比は異なる．

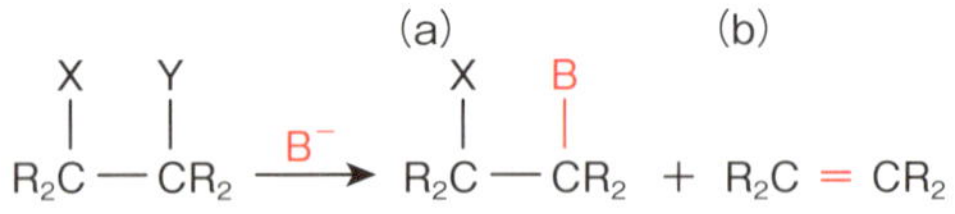

110 ● 5章 置換と脱離

$$\underset{R_2C-CR_2}{\overset{X\quad Y}{|\quad |}} \xrightarrow{B^-} \overset{(a)}{\underset{R_2C-CR_2}{\overset{X\quad B}{|\quad |}}} + \overset{(b)}{R_2C=CR_2}$$

図 5-1　置換反応と脱離反応
R_2 はアルキル基が二つあるという意味.

5-1-2　反応のエネルギー変化

　まずは置換・脱離反応が起こる際の反応エネルギー変化について考えてみよう. 基質と求核試薬の 2 分子がかかわる置換反応および脱離反応において, 反応の進行に伴うエネルギー変化には, 図 5-2 に示すように 2 とおりある. いずれも生成物のエネルギーが出発物より低く, 発熱的に進行する反応である. ここで, 図 5-2a のように, エネルギーの山が一つであるということは, 反応が 1 段階で進行し, 中間体をもたないということを表している. すなわち, 反応の遷移状態において, 基質と求核試薬の二分子が同時に反応に関与しているということである. 実際に, 反応速度は基質と求核試薬の濃度の積に比例しており, その反応速度は二次の速度式

$v=k[基質][試薬]$

で表される. このような求核的な二分子反応で起こる置換反応を, S_N2 (Nucleophilic substitution)反応と呼び, また, 脱離反応の場合は, E2 (Elimination)反応と呼ぶ. 繰り返しになるが, このときの反応速度は, 置換反応, 脱離反応とも, 速度定数 k の値は異なるものの, いずれも二次の速度式で表される.

　一方, 図 5-2b では, エネルギー変化の山が二つあることから, 反応が

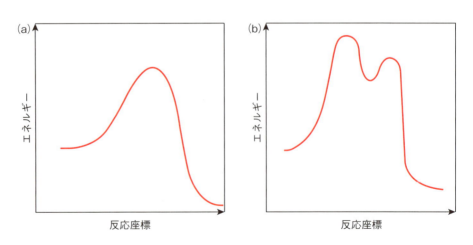

図 5-2　反応に伴うエネルギー変化

2段階で進行し，中間体(二つのエネルギー変化の谷の部分)が存在していることがわかる．このとき，1段階目の反応の山が高いため，反応速度を左右する律速段階となり，2段階目の反応は迅速に進行する．このことから，その反応機序は，律速段階である1段階目で，基質から脱離基(Y)がはずれて，一旦カルボカチオン($R_2C(X)-C^+R_2$)などの反応中間体が生成し，そのあと，反応速度式に表れない遅い速度で，求核試薬(B^-)による置換，あるいは脱離反応が起こっていると考えられる．実際に，この場合の反応速度は，基質濃度の一次に比例し，

$$v = k[基質]$$

で表される．このような一分子的な置換反応を S_N1 反応，脱離反応を E1 反応と呼び，速度定数 k の値は異なるものの，反応速度は一次の速度式で表される．

S_N2 反応や E2 反応は，二分子反応(反応速度が二次反応)という意味で，反応は1段階で進み，S_N1 反応や E1 反応は，一分子反応(反応速度が一次反応)という意味で，反応は2段階で進むことに注意しよう[*]．

> [*] E2 や E1 の数字は反応エネルギー図の山の数を表すのではなく，反応が二分子的か，一分子的かを表す．

例題

S_N2 反応において，以下の a から d の変化を加えた．反応速度はどのように変化するか答えよ．

a 反応の温度を下げた．
b 基質の濃度を 1/2 倍にした．
c 試薬の濃度を 2 倍にした．
d 基質の濃度を 2 倍にし，試薬の濃度を 1/2 倍にした．

【解答】 a 反応が遅くなる．
b 速度は半分になる．
c 速度は 2 倍になる．
d 変化しない．

《解説》 温度を下げると分子の運動エネルギーが低下するため反応は起こりにくくなる．すなわち反応速度は遅くなる．

また，反応速度は基質や試薬の濃度に比例する．d のときは基質濃度が 2 倍，試薬濃度は 1/2 倍になるので，2×1/2=1 より，結果的に反応速度は変わらない．

5-2 二分子反応

KEYWORDS

二分子反応　　S_N2 反応　　E2 反応　　カルボカチオン
塩基性　　求核性

5-2-1 S_N2 反応

S_N2 反応（1段階反応）の遷移状態では，求核試薬（B⁻）は基質の脱離基（Y）とは反対側から攻撃し，図5-3に示したように求核試薬（B⁻）が結合をつくりつつ（このときアルキル基は平面的になる），脱離基（Y）が離れていくことになる．このため，反応中心の立体構造が反転する（図5-4）．この反転を，求核置換反応を見いだした人物の名前をとって Walden反転 と呼ぶ．基質が光学活性な化合物であれば，この反転でその光学純度は損なわれないことになる．

図 5-3　S_N2 反応
炭素は実際に5価の結合はもてないが，図5-3では形式的に5価的に示す．

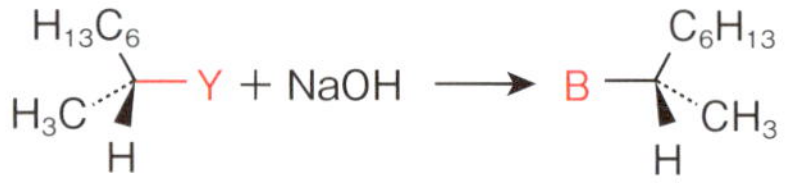

図 5-4　置換反応による構造の反転

S_N2 反応が進行するためには，求核試薬（B⁻）が基質の炭素原子に近づくと同時に，脱離基（Y）が炭素からはずれていくが，そのためには，

1. 基質の脱離基（Y）の脱離能が低く，脱離基（Y）がはずれにくい
2. 中間体となりうる脱離基（Y）がはずれたカルボカチオンの安定性が低い
3. 求核試薬（B⁻）の求核性が高く，脱離基（Y）がはずれる前に置換反応が進行し始める

のいずれか，または全部の条件が必要である*．

＊すべての条件が整えば S_N2 反応の割合は高くなるが，一部の条件だけでも S_N2 反応はほかの反応と競争的に進行する場合がある．

ここで，脱離基（Y）の脱離能は，塩基性の強いアニオンであるほど脱離能が低くなる．これは，脱離基（Y）がマイナス電荷を伴って炭素から離れていくこと，また，塩基性が強いアニオンほど炭素との結合力は強くなるためである．カルボカチオンの安定性については，アルキル基の場合は，メチル基あるいは第一級のアルキル基からのカルボカチオンが第二級，第三級のアルキル基からのカルボカチオンより安定性が低いといえる．これは，アルキル基が電子供与性をもっているため，カルボカチオンに結合しているアルキル基が多いほど，中心の炭素のカチオン性を打ち消し，安定化するからである．

アルキル基の級
第一級アルキル基とは，脱離基が結合している炭素に一つの炭素，二つの水素が結合している化合物のこと．同様に，第二級アルキル基は脱離基が結合している炭素に二つの炭素，一つの水素が結合している．第三級アルキル基は脱離基が結合している炭素に三つの炭素が結合しているものをいう．

一方，求核試薬(B^-)の求核性は化学種であれば塩基性が高いほど，同じ族であれば周期律表の下の原子ほど求核性が高くなる．アルコールを例にすると，メタノールとメタノールのアルコキシド(RO^-)では，メタノールのアルコキシドのほうが塩基性が高く炭素原子と強い結合をつくるので，求核性が高いといえる．同族元素の場合，原子半径が大きいほど原子表面の電荷密度が低くなるため，イオンの塩基性が低下して求核性が高くなる．たとえばハロゲン元素では，求核性は$I^- > Br^- > Cl^-$となる*．また，陰イオン性の求核試薬のほうが中性のものよりも求核性は高くなる．

一方，基質のアルキル基の級に着目すると，求核試薬が脱離基とは反対側から近づくため，反応中心でのアルキル基の置換数が多くなるほど（第一級＜第二級＜第三級）立体的な障害が大きくなって求核試薬が近づきにくくなるので，反応は進行しにくくなる（図5-5）．

*アセトニトリルやジメチルホルムアミドなどの非プロトン性極性溶媒中では，この順序は逆転する．

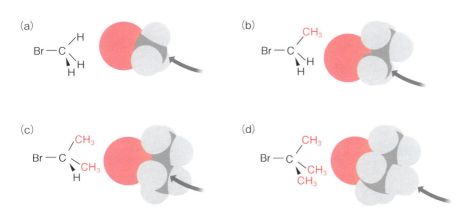

図5-5　アルキル基の級と立体障害

5-2-2　E2反応

E2反応は，S_N2反応が進行しやすい条件で競争的に進行する．これは，図5-1において強い求核性をもつ求核試薬(B^-)は，同時に強いLewis塩基でもあるからである．脱離反応では，求核試薬(B^-)は強い塩基として，酸性度の高い脱離基X（多くの場合H）を攻撃する．すると，C-X間のσ結

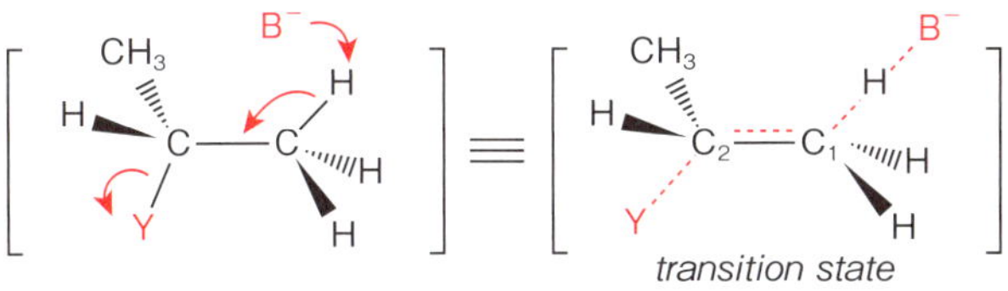

図5-6　E2反応

合電子対がC-C間に移動し，これによって，陰性の強いYが電子対をもって脱離することにより脱離反応が起こる．

E2反応の遷移状態では，Xが脱離すると同時にYが脱離する．図5-6の状態では，XとYが最も離れた位置関係にある．そのため，これらの静電的反発からYとXは反対側に離れる．これをアンチ脱離と呼ぶ．このとき，一種類の化合物しか生成しない．このことが，E2反応の反応機構を支持している．

例題

次のaからcの反応を行った．S_N2反応，E2反応いずれの反応が主として進行すると予想できるか答えよ．

a　1-ブロモプロパンをt-ブチルアルコール中でカリウムt-ブトキシドと反応させた．
b　1-ブロモプロパンをエタノール中でナトリウムエトキシドと反応させた．
c　臭化t-ブチルをエタノール中でナトリウムエトキシドと反応させた．

コラム　ポリ塩化ビニルの競争反応

　本文で取り扱ってきた置換反応と脱離反応ではハロゲン化アルキルが出発物質であったが，このことを身の回りの物質での反応で見れば，建材などに用いられることが多いポリ塩化ビニルの反応がある．

　本文中でも述べたように，置換反応と脱離反応は通常競争して起こる．ポリ塩化ビニルを基質として考えると，図のような反応が起こることになる．

　このとき，E2脱離が進行すると塩酸が発生し，それによって高分子が着色したり，塩酸自体による害が発生したりするが，首尾よく置換反応が進行すれば，ポリ塩化ビニルからポリビニルアルコールを得ることが可能となり，現代の環境問題の一つでもあるポリマーのリサイクルにも道を開くものとなる．

　現状，100％の置換反応を進行させることは不可能だが，置換反応で有用な置換基を導入することができれば，ポリマーの新たなリサイクル法として期待できる．このようにもとのポリマーから性能を上げてリサイクルすることを"アップグレードリサイクル"と呼び，研究が進められている．

【解答】　a　E2 反応, b　S_N2 反応, c　E2 反応

《解説》　反応 a の t-ブトキシドイオンと反応 c の臭化 t-ブチル（基質）はかさ高いので置換反応より脱離反応が優先的に進行する．それに対し，反応 b のエトキシドイオンはかさ高くないので，容易に置換反応を受ける．

5-3　一分子反応

🔎 KEYWORDS

一分子反応　　S_N1 反応　　E1 反応　　カルボカチオン
塩基性　　求核性

5-3-1　S_N1 反応

　S_N2 反応とは異なり，2 段階反応である S_N1 反応では，律速段階である 1 段階目の反応には基質のみが関与している．反応中間体がカルボカチオンであることから，S_N2 反応の場合とは逆の条件，すなわち，基質の脱離基の脱離能が高いか，中間体となりうるカルボカチオンの安定性が高い，さらに，求核試薬の求核性が低いときに進行しやすい．カルボカチオンは，アルキル基のような電子供与性の置換基が結合していると安定になるので，アルキル基が第三級＞第二級＞第一級の順に進行しやすくなる．

　S_N1 反応では立体化学も S_N2 反応とは異なる．図 5-7 のように平面状の

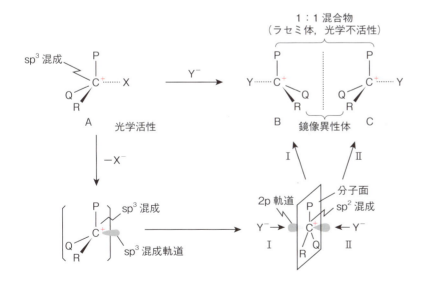

図 5-7　S_N1 反応

ラセミ体
光学異性体が5：5で混じり合った状態のこと．

カルボカチオン中間体を経由するため，求核試薬(B^-)は面のどちらからでも攻撃が可能である．このため，光学活性な基質がS_N1反応を起こすと，ラセミ体が生成し，光学不活性となる．この結果はS_N2反応と大きく異なる点である．このことから反応後の立体化学よりS_N2，S_N1反応を認識することもできる．

S_N1反応では，カルボカチオン中間体が生成するため，このイオンを安定化する溶媒，つまり，極性の高い溶媒中で進行しやすい．このような溶媒にはアルコールや，水を含むアルコールなどが挙げられる．このことを溶媒和効果と呼んでいる．

5-3-2 E1 反応

E1反応は一分子脱離反応であり，2段階で進行する．1段階目はS_N1反応と同様に脱離基(X^-)がはずれてカルボカチオンが形成する段階で，ここが律速段階である．ついで，求核試薬(B)がもう一方の脱離基(Y，多くの場合H)を脱離させる．こちらは反応速度の速い段階である(図5-8)．

発展 ザイツェフ則

脱離反応において，図のようにE1脱離が進行し塩素が脱離したあとに脱離する水素として$H_①$と$H_②$の二つが考えられる．$H_①$が脱離すれば，二重結合のまわりに三つのメチル基が存在するオレフィン①が，$H_②$が脱離すれば一つのメチル基と一つのエチル基をもつオレフィン②が生成する．

実際にこの反応を行うと，ほぼ7：3の割合で①が優勢に生成する．これを一般的に記述すれば，生成するアルケンの二重結合周りの置換基(アルキル基)が多いほうがエネルギー的に有利であることを意味しており，このような選択性が生じることを発見者の名前をとってザイツェフ則という．

オレフィン①　　7：3　　オレフィン②

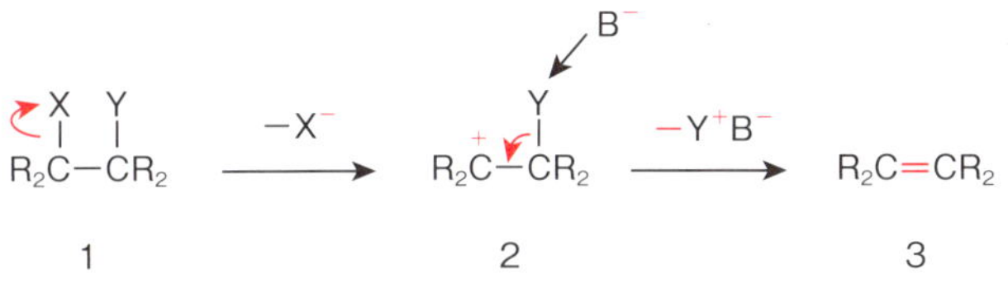

5-3 一分子反応 ● 117

$$R_2C-CR_2 \xrightarrow{-X^-} R_2\overset{+}{C}-\overset{Y}{\underset{|}{C}}R_2 \xrightarrow{-Y^+B^-} R_2C=CR_2$$

図 5-8 E1 反応

　E1 反応では，反応中間体のカルボカチオンの C–C 結合が単結合なので，回転が可能である．そのため，E2 反応とは異なり，アンチ脱離だけではなく，X と Y が同じ方向から脱離する，シン脱離も進行する．どちらも生成されるが，どちらかといえば生成するオレフィンが立体的により安定なトランス体の生成比が高くなることが多い．

　置換反応，脱離反応について，それぞれの特徴を表 5-1 にまとめたので参考にしてほしい．

表 5-1　置換反応と脱離反応

	一分子反応	二分子反応
置換反応	S_N1 反応 反応速度は基質濃度に依存 （求核試薬の濃度には依存しない） 生成物はラセミ体 《反応性》 ○カチオン（基質） 　第三級＞第二級＞第一級≧メチルカチオン ○ハロゲン（求核試薬） 　I^-＞Br^-＞Cl^-	S_N2 反応 反応速度は基質濃度と試薬濃度に依存 反応時に立体反転（Walden 反転）が起こる 《反応性》 ○カチオン（基質） 　メチルカチオン≧第一級＞第二級＞第三級 ○ハロゲン（求核試薬） 　I^-＞Br^-＞Cl^-
脱離反応	E1 反応 反応速度は基質濃度に依存 （求核試薬の濃度には依存しない） 中性，酸性条件下でも反応進行 アンチ脱離，シン脱離のどちらも進行（どちらかというとトランス体が多く生成） 《反応性》 ○反応基質 第三級＞第二級＞第一級	E2 反応 反応速度は基質濃度と試薬濃度に依存 強塩基で反応 アンチ脱離 《反応性》 ○反応基質 第一級＞第二級＞第三級

118 ● 5章 置換と脱離

例題

次の a および b の反応を行った. S_N1 反応, E1 反応いずれの反応が主として進行すると予想できるか答えよ.

a 塩化 t-ブチルをメタノール中で加熱した.

b 2-メチル-2-プロパノールを硫酸と加熱した.

【解答】 a S_N1 反応, b E1 反応

《解説》 a 塩化 t-ブチルはメタノール中で自発的に解離して安定な t-ブチルカチオンを生成し, これとメタノールの反応によってエーテルを与える.

b 2-メチル-2-プロパノールは硫酸中でヒドロキシ基がプロトン化されてオキソニウムイオンとなる. これから容易に水が脱離して安定な t-ブチルカチオンを生成するが, 硫酸水素イオンは求核性が低いので置換反応に優先して E1 反応が進行する. ここで, 塩酸中であれば, 置換生成物も生成することに注意する必要がある.

$$CH_3-\underset{\underset{CH_3}{|}}{\overset{\overset{CH_3}{|}}{C}}-OH \xrightarrow{H^+} CH_3-\underset{\underset{CH_3}{|}}{\overset{\overset{CH_3}{|}}{C}}-\overset{+}{O}\overset{H}{\underset{H}{}} \xrightarrow{-H_2O} CH_3-\overset{+}{C}\overset{CH_3}{\underset{CH_3}{}} \xrightarrow{-H^+} CH_2=C\overset{CH_3}{\underset{CH_3}{}}$$

章末問題

1 ハロゲン化アルキルは一般的に置換反応を起こしやすい. R-I, R-Cl, R-Br を, 置換反応を起こしやすい順に不等号を用いて示せ.

2 飽和炭化水素上の求核置換反応について, (1)2種類の反応機構を説明し, それぞれについて, (2)反応の立体化学を説明し, さらに(3)反応速度に対する(i)脱離基の影響, (ii)求核試薬の影響, (iii)置換基の影響を説明せよ.

3 次の化合物を S_N2 反応が起こりやすい順に並べ, 構造式で答えよ.

a 2-chloro-methylpropane b 1-chlorobutane

c 2-chlorobutane d chlorobenzene

4 飽和炭化水素上の脱離反応について, (1)2種類の反応機構を説明し, それぞれについて, (2)反応の立体化学を説明せよ.

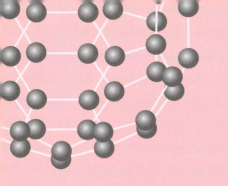

第 6 章
付加反応
Addition Reaction

到達目標

不飽和化合物に分子が付加する反応（付加反応）について，どのような分子が付加反応を起こすか？ また，そのときの立体化学はどうなっているか？ について基礎的な理解を得る．

6-1 付加反応

🔍 **KEYWORDS**

不飽和結合　　二重結合　　三重結合

オレフィンなどの不飽和化合物にある分子が付加する反応を**付加反応**という（図6-1）．不飽和化合物が二重結合をもつ場合には単結合が，三重結合をもつ場合には二重結合ができる*．このことから付加反応は前章で扱った脱離反応の逆反応といえる．

＊反応がさらに進めば，単結合になる．

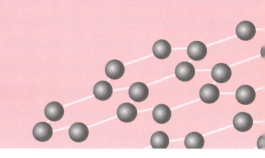

図 6-1　付加反応

6-1-1　付加する分子

水素，ハロゲン化水素，臭素，水などは不飽和化合物に対して付加反応を起こす．反応はいずれも発熱的に進行する．高校の教科書にも取り上げ

120 ● **6章　付加反応**

られることが多い臭素の付加反応のように室温ですばやく進行する付加反応がある一方で，触媒を用いないと進行しない水素の付加反応もある．

6-1-2　付加される分子

　先にも挙げたように，アルケン，アルキン，カルボニル化合物などの不飽和結合をもつ化合物に対して付加反応は進行する．ただし，同じく不飽和結合をもつベンゼンでは，通常付加反応は進行せず，置換反応が進行する[*]．

＊ベンゼンはきわめて安定な化合物であるため，付加反応により芳香族性を失って不安定になるより，安定なベンゼンに留まる．

例題

エチレンにa〜cの分子が付加するとどのような化合物が生成するか答えよ．
a　HCl，b　H_2O，c　H_2

【解答】　a　　塩化エタン，b　　エタノール，c　　エタン

《解説》　それぞれ以下のような反応が起こる．

$$a \quad H_2C{=}CH_2 + H{-}Cl \longrightarrow H_3C{-}\underset{\underset{Cl}{|}}{CH_2}$$

$$b \quad H_2C{=}CH_2 + H{-}OH \longrightarrow H_3C{-}\underset{\underset{OH}{|}}{CH_2}$$

$$c \quad H_2C{=}CH_2 + H{-}H \longrightarrow H_3C{-}CH_3$$

6-2　付加反応の立体化学

🔍 **KEYWORDS**

シス付加　　トランス付加　　金属触媒

　オレフィンは sp^2 混成軌道を含むため平面的な構造をとっている（図6-2）．そこに分子 X−Y が付加する場合，付加の方向性に二つの可能性が考えられる．一つは付加する分子が二重結合の同じ側から付加する可能性であり，もう一つは，付加する分子が互いに二重結合の反対側から付加する可能性である．前者を シス付加，後者を トランス付加 という．

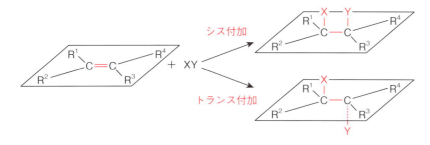

図 6-2　シス付加とトランス付加

6-2-1　シス付加

　二重結合に対して同じ側から分子が付加するシス付加の代表的反応は金属触媒(不均一系)による水素の付加である．有機化学においては，水素分子の付加は**還元**ともいう．

　この反応は加熱のみでは進行しないが，白金，パラジウムなどの金属触媒を用いると容易に進行する．金属存在下では水素が金属表面に吸着し，その近傍にオレフィンが捕捉される．(図6-3)．この金属表面で水素はオレフィン(図6-3の場合エチレン)の二重結合の同じ側から進行するため，シス型の付加生成物が得られ，金属触媒は再生されることになる．

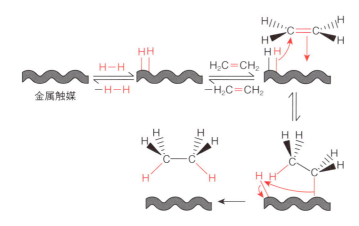

図 6-3　金属表面でおこるシス付加反応

6-2-2　トランス付加

　先にも述べた，高校の化学でも取り上げられる臭素付加反応*がトランス付加の代表例である．

＊臭素付加反応は化合物(液体)中に不飽和結合があるかどうかの検定に用いられる．

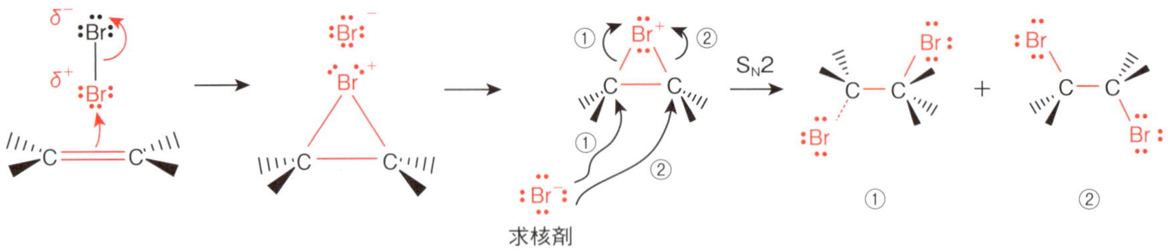

図6-4 臭素付加反応

　臭素が二重結合に付加するとき，臭素は図6-4のようにそれぞれ正と負にわずかに帯電している．正に帯電した臭素がまず二重結合に付加し，三員環様のブロモニウムイオンが形成される．次いで，ブロモニウムイオンの根元の二つの炭素のいずれかにBr⁻が求核的に攻撃するが，このときブロモニウムイオンが形成されている面はかさ高く，立体的に混み合ってい

コラム　カルボニルの付加反応

　二重結合をもつ化合物には，カルボニル化合物がある．カルボニル化合物にはアルデヒド，ケトン，カルボン酸が含まれるが，ケトンについて示せば，酸素原子のほうが電気陰性度が大きいため電子密度には偏りがあり，炭素がわずかに正に帯電している．このためオレフィンと異なり，ケトンは電荷を帯びた化学種である．

　ケトンの代表的な付加反応は還元反応であり，水素化ホウ素化ナトリウムあるいは水素化リチウムアルミニウムによる還元反応がある．これによ

り第二級アルコールが生成する．このとき，カルボニル炭素に付加するのはH⁺ではなく，H⁻(ヒドリド)であることに注意しよう．

　カルボニル化合物に対するアニオン種による付加反応は，有機合成上きわめて重要なグリニヤール試薬による炭素結合の形成とアルコールの生成反応である．出発物質がホルムアルデヒドの場合には対応する第一級アルコールが，アルデヒドの場合には第二級アルコールが図のようにケトンの場合には第三級アルコールが生成する．

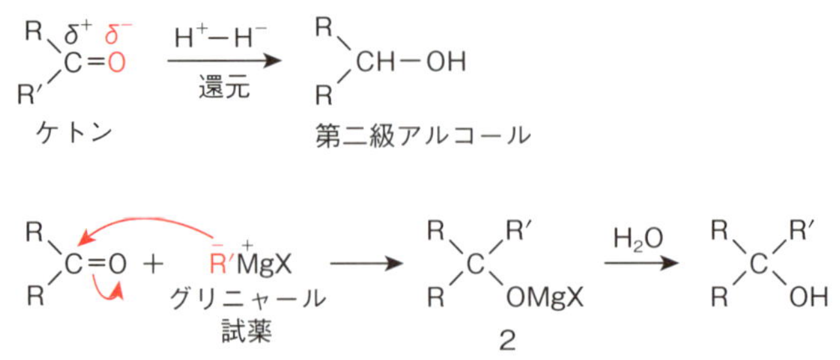

6-3 付加反応の選択性 ● 123

るために反応が進行せず，反対側から反応が進行する．そのため，S_N2 的
な反応により結果的に臭素がオレフィンにトランス型に付加した生成物が
得られる．

例題

オレフィンに対する水素の付加は還元反応だが，有機化学において酸素と
結合することを酸化という．付加反応における酸化反応の例を挙げよ．

【解答】 オレフィンに対する水分子の付加（水和）反応

《解説》 オレフィンは酸触媒存在下で以下のように酸化反応を起こす．そ
の他，ハロゲンの付加も酸化反応である．

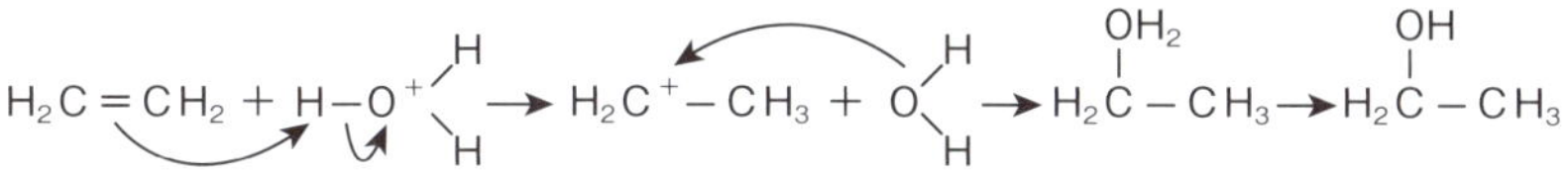

$$H_2C=CH_2 + H-O^+ \begin{matrix} H \\ | \\ H \end{matrix} \longrightarrow H_2C^+ - CH_3 + O \begin{matrix} H \\ | \\ H \end{matrix} \longrightarrow H_2C-CH_3 \longrightarrow H_2C-CH_3$$

6-3 付加反応の選択性

🔍 **KEYWORDS**

非対称オレフィン　　　カルボカチオン　　　マルコフニコフ則

2-メチル-2-ブテン（図6-5）のように二重結合周りの置換基が対象では
ない非対称オレフィンに対する臭化水素付加においては，最初のプロトン
の付加に二つの方向性が発生する．

一つはプロトンが 2-メチル-2-ブテンの炭素①に付加した場合である．
このとき，2-ブロモ-2-メチルブタンが生成する．もう一つはプロトンが

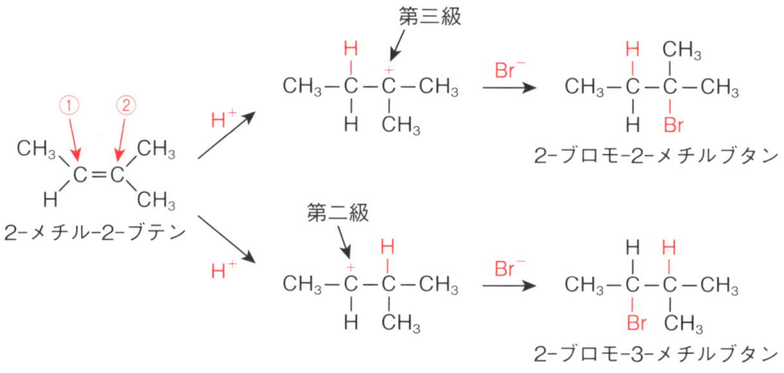

図 6-5 **非対称オレフィンに対する臭化水素の付加反応**

炭素②に付加した場合である．このとき 2-ブロモ-3-メチルブタンが生成する．理論上ではどちらも生成しうるが，実際には炭素①への付加による 2-ブロモ-2-メチルブタンが優先的に得られる．これはなぜだろうか．図 6-5 でプロトンが付加したときの中間体について考えてみよう．生成するカルボカチオンを見てみると，2-ブロモ-2-メチルブタンが生成するときは第三級炭素上に，2-ブロモ-3-メチルブタンが生成するときは第二級炭素上にプロトンが付加している．一般にメチル基は電子供与性があるため，この二つのカルボカチオンの安定性は，炭素の置換数の多いほうが安定であると推察できる．これを定性的に表すと，プロトンは炭素置換数の少ない炭素に優先的に付加するということになり，これを発見者の名前からマルコフニコフ則と呼ぶ．非対称のオレフィンへの付加反応の立体選択性はマルコフニコフ則でだいたい予想可能である．

発展　　**付加環化反応**

　付加反応が環状化合物を生成する反応であり，よく知られた反応にディールス・アルダー反応がある．これはブタジエン誘導体とエチレン誘導体が反応して対応する環状化合物を生成する反応である．なお，この反応は段階的に進行するのではなく，協奏的(二つ以上の結合が同時に生成する)に進行する．

　ブタジエン誘導体には電子供与性官能基を多く含む場合に反応が進行しやすく，エチレン誘導体(ジエノフィル)には電子求引性基が多く含まれる場合に反応が進行しやすい．たとえば，シクロペンタジエンと無水マレイン酸との反応では，図のような環状化合物が生成する．このとき，立体的に混み合ったエンド体が生成することに注意しよう．

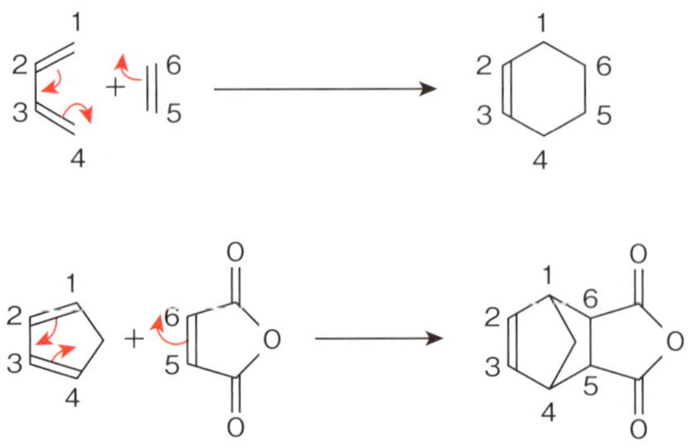

6-3 付加反応の選択性 ● 125

例題

次の反応について，生成物の化合物名を答えよ．

　a　1-ペンテンに臭化水素を付加させる．

　b　3-メチル-1-ブテンに硫酸存在下で水を反応させる．

　c　1-メチルシクロヘキセンに塩化水素を付加させる．

【解答】　a　　2-ブロモペンタン，b　　3-メチル-2-ブタノール，
c　　1-クロロ-1-メチルシクロヘキサン

《解説》

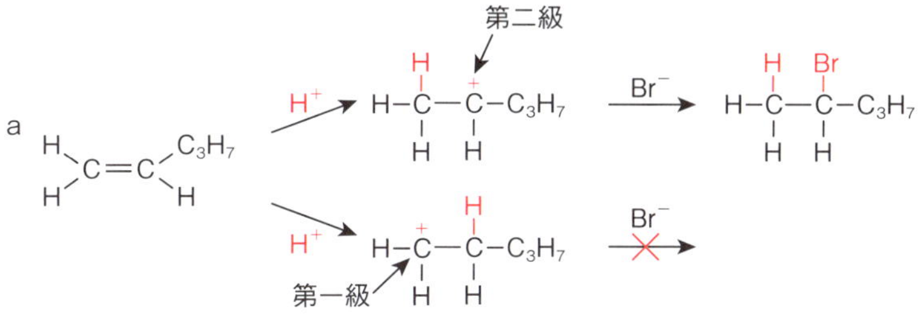

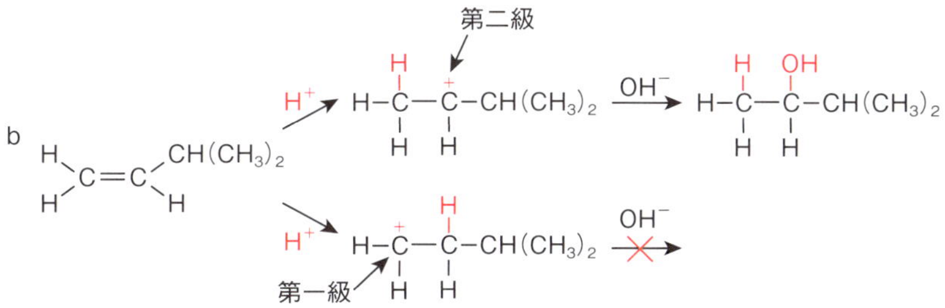

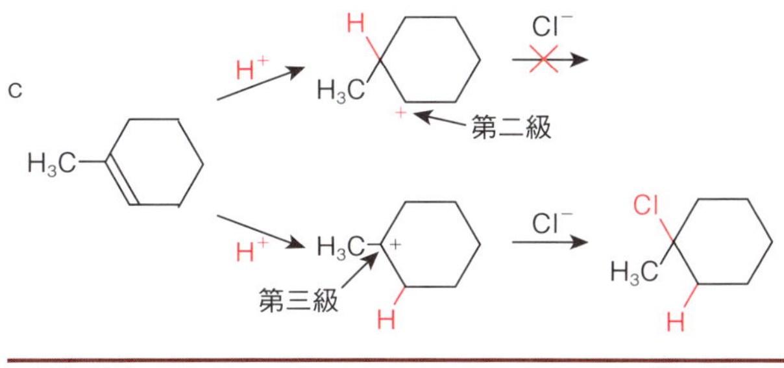

a

b

c

章末問題

1 次に示すアルケンへの付加反応の生成物の構造式を示し，化合物名を答えよ．

a　(CH₃)₂C=CH₂ + HI ⟶

b　1-メチルシクロペンテン + HCl ⟶

2 次に示すカルボカチオンを不安定な順に並べよ．

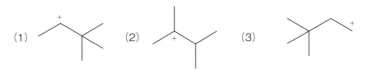

3 1-メチルシクロヘキセンの酸触媒（硫酸）による水和反応の生成物の構造式を書け．

4 次の反応の生成物の構造式をその立体化学がわかるように書け．

a　シクロペンテンに塩化メチレン中で臭素を付加する．

b　1-メチルシクロヘキセンに塩化メチレン中で塩素を付加する．

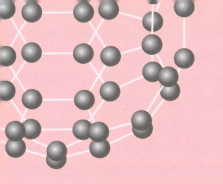

第 7 章
生体関連物質と合成高分子
Bio-Related Molecules and Synthetic Polymer

到達目標

糖質，アミノ酸，核酸塩基，脂質およびそれらから構成される生体高分子について，その化学的性質や機能を学ぶ．また，プラスチックなどの合成高分子の基礎的な合成法とその応用についても理解する．

7-1 生体関連物質

 KEYWORDS

| 糖質 | 脂質 | アミノ酸・タンパク質 | 核酸 |

7-1-1 糖質

糖質(saccharides)は炭水化物とも呼ばれ，光合成でつくられるグルコースや，グルコースからつくられるデンプン(starch)，セルロース(cellulose)などが代表的な糖質である．

(1) 単糖

単糖は分子式 $C_nH_{2n}O_n$ で表され，糖質を構成する最小単位である．天然に存在する単糖は炭素数が3～7で，それぞれトリオース($n=3$)，テトロース($n=4$)，ペントース($n=5$)，ヘキソース($n=6$)，ヘプトース($n=7$)と呼ばれる．通常，鎖状構造と環状構造が平衡して存在し，鎖状の構造にはカルボニル基が現れる．そのカルボニル基がアルデヒドのものはアルドース，ケトンのものはケトースと呼ぶ(図7-1)．

アルドヘキソースの一つであるグルコース(glucose)はブドウ糖とも呼ばれ，われわれの生命活動のエネルギー源である．グルコースにはL体，

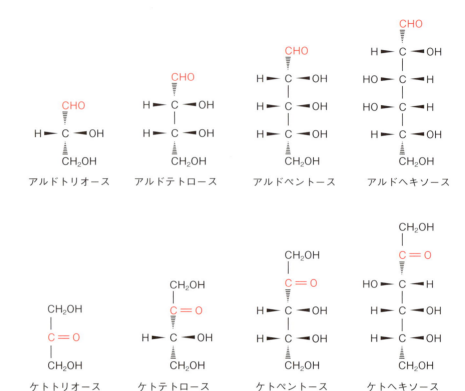

図 7-1 さまざまな単糖

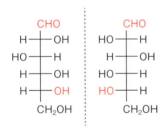

図 7-2 D-グルコースと
L-グルコース

D 体の鏡像異性体があり，天然に存在するのは D 体のみである（図 7-2）．単糖のフィッシャー投影式では，ホルミル基あるいはカルボニル基が上にくるように描き，最も下にある不斉炭素のヒドロキシ基が右にあれば D 体，左にあれば L 体になる．また，環状構造では α 型と β 型の 2 種類の立体異性体があり，これらは平衡関係になっている（図 7-3）．このとき，1 位のヒドロキシメチル基に対して 6 位のヒドロキシ基がトランス位置の場合には α 型，シス位置の場合には β 型と呼ぶ．同じく単糖のケトヘキソースで

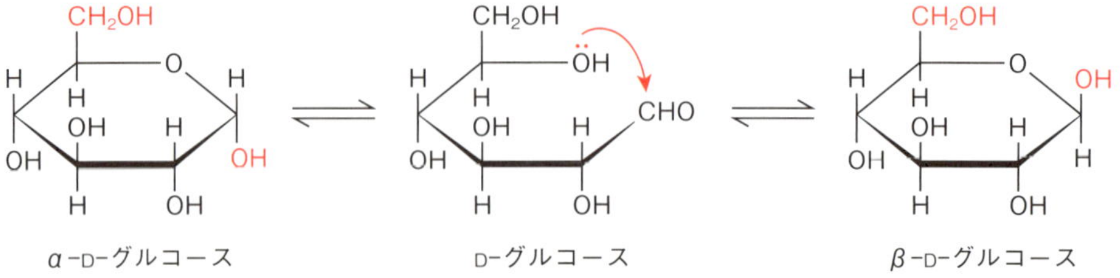

図 7-3 いろいろなグルコースの構造

あるフルクトース(fructose)は果糖ともいわれ，果実や蜂蜜に多く含まれる天然で最も甘い糖である．グルコースと同じく環状構造をとり，ピラノース型とフラノース型の2種類がある(図7-4)．

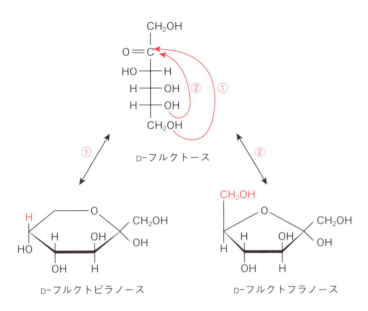

図7-4　いろいろなフルクトースの構造

> **例題**
>
> α-D-ガラクトースとβ-D-ガラクトースの構造を示せ．
>
> 【解答】
>
> α-D-ガラクトース　　β-D-ガラクトース

(2) 二糖

二糖は2分子の単糖がいわゆるグリコシド結合によって縮合してできた化合物であり，生体内では酵素によって単糖に分解される．グリコシド結合にはα型とβ型がある．

二糖の一つであるマルトースは2分子のα-グルコースがグリコシド結

合した化合物であり，麦芽糖とも呼ばれ，水飴の主成分である（図 7-5a）．また，**スクロース**はα-グルコースとフルクトースがグリコシド結合でつながった二糖で，ショ糖とも呼ばれる．料理に使われる砂糖の主成分である（図 7-5b）．

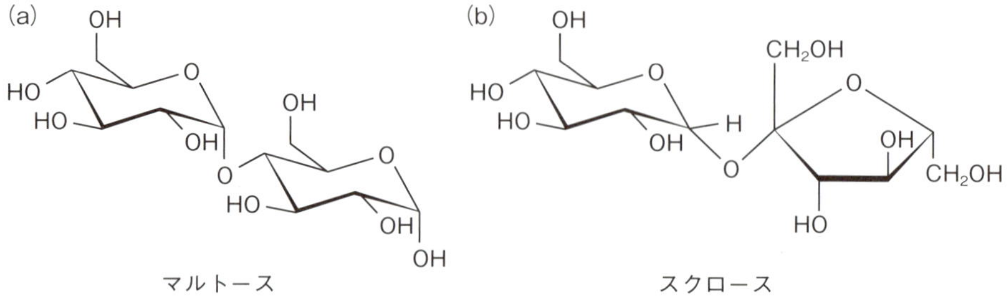

(a) マルトース　　(b) スクロース

図 7-5　マルトースとスクロース（二糖）

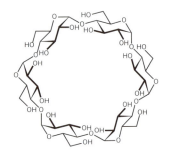

図 7-6　α-シクロデキストリン

（3）多糖

単糖が多数結合したものが多糖である．6〜8個のグルコース分子が環状につながった**シクロデキストリン**（cyclodextrin，図 7-6）は，その内部にほかの脱水性分子を取り込む疎水的な性質があり，食品，医薬品，化粧品などにも利用されている．

その他の多糖として，**デンプン**や**セルロース**などの身近な物質がある．デンプンにはらせん構造をもつ直鎖状分子であるアミロースと枝分かれ構造をもつアミロペクチンがある（図 7-7）．セルロースは植物の細胞壁を構成する主要成分であり，β-グルコースが直鎖状に多数結合した多糖であ

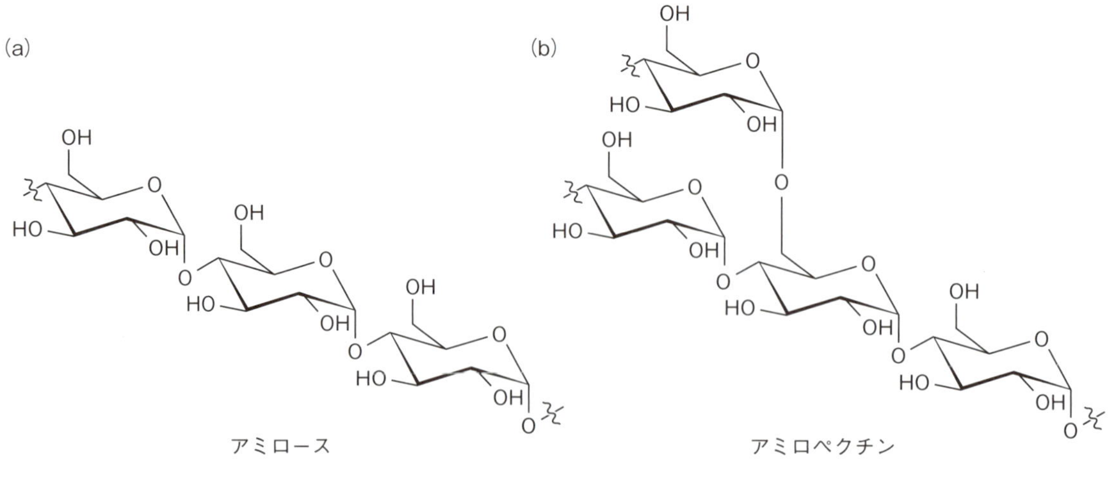

(a) アミロース　　(b) アミロペクチン

図 7-7　アミロースとアミロペクチン（多糖）

7-1 生体関連物質 ● *131*

る（図 7-8）．平面的な構造をとりやすいので分子鎖どうしが水素結合で結びつき，強固な繊維状になっている．また，アセチルセルロースはアセテートレーヨンなどの繊維として利用されている．

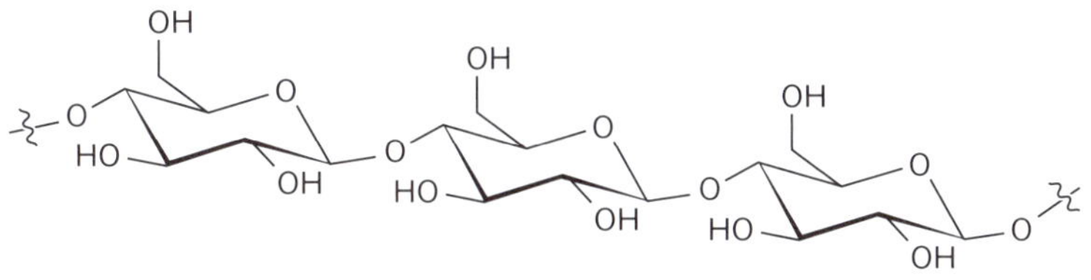

図 7-8　セルロース

（4）ムコ多糖

　炭水化物には糖のほかにも，グルコサミン（glucosamine）のようなヒドロキシ基の一部がアミノ基に置き換わったアミノ糖がある．このアミノ糖で形成される多糖はムコ多糖と呼ばれる．ムコ多糖は，近年，健康食品や化粧品あるいは医療用途などでよく利用されている．キチン（chitin），ヒアルロン酸（hyaluronic acid），コンドロイチン（chondroitin）硫酸などもムコ多糖である（図 7-9）．

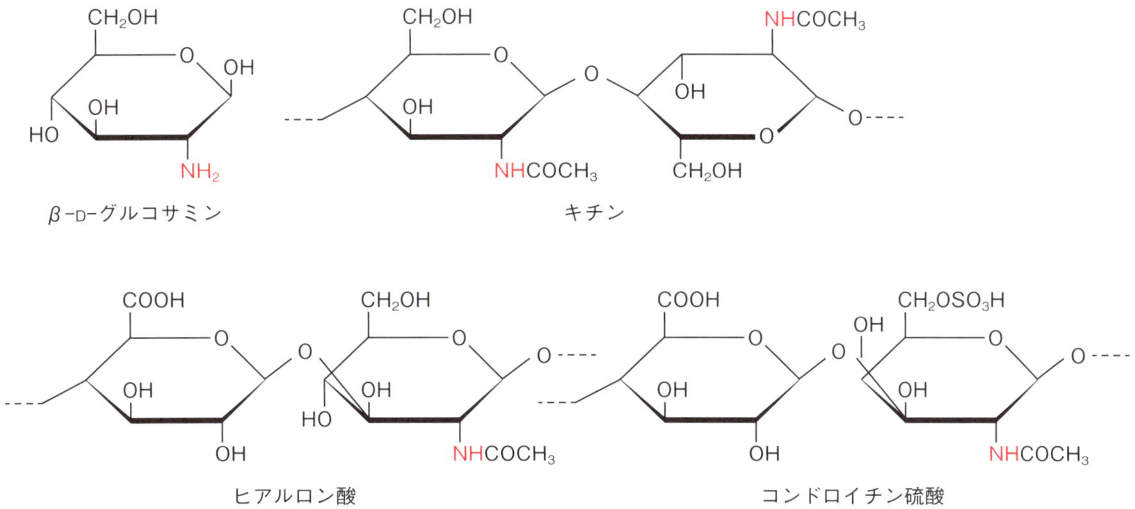

β-D-グルコサミン　　　　　　　　キチン

ヒアルロン酸　　　　　　　　コンドロイチン硫酸

図 7-9　ムコ多糖

7-1-2　脂質

　脂質（lipid）は糖やアミノ酸などの生体関連物質とは異なり，物理的性質によって定義される．水に溶けにくく非極性の有機溶媒によって抽出され

ロウ

ロウ（蝋）は，脂肪酸と高級アルコールとのエステルを指す融点の高い油脂状の物質（ワックス）で，酸化や加水分解に対して安定である．炭化水素のパラフィンもロウである．

7章 生体関連物質と合成高分子

る物質が脂質である。脂質にはエステル結合をもつ油脂，ワックス，リン脂質や，エステル結合をもたないテルペノイド，ステロイドなどがある（図7-10）。最もなじみがあるのがグリセリンと脂肪酸からなる油脂であろう。

一般的に脂肪族のモノカルボン酸を**脂肪酸**と呼び，炭素数が14以上で偶数のものが多い（表7-1）。油脂は加水分解によってグリセリンと脂肪酸に分解される。このときできる脂肪酸のアルカリ金属塩が石けんである（図7-11）。石けんは両親媒性物質（水にも油にも親和性がある）であるため，

脂肪族
芳香環を含まない炭素化合物を指す。対義語として，芳香環を含む炭素化合物は芳香族といわれる。

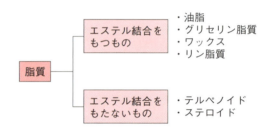

図 7-10　脂質の分類

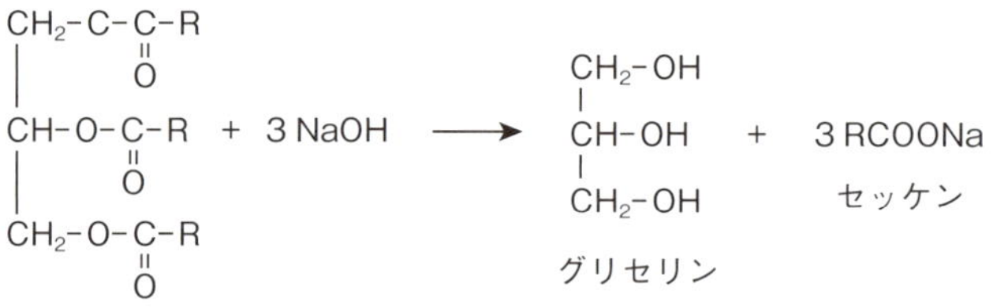

図 7-11　セッケン

表 7-1　おもな脂肪酸

	炭素数	不飽和結合数	名称	化学式
飽和脂肪酸	12	0	ラウリン酸	$CH_3(CH_2)_{10}COOH$
	14	0	ミリスチン酸	$CH_3(CH_2)_{12}COOH$
	16	0	パルミチン酸	$CH_3(CH_2)_{14}COOH$
	18	0	ステアリン酸	$CH_3(CH_2)_{16}COOH$
	20	0	アラキジン酸	$CH_3(CH_2)_{18}COOH$
不飽和脂肪酸	16	1	パルミトレイン酸	$CH_3(CH_2)_5CH=CH(CH_2)_7COOH$
	18	1	オレイン酸	$CH_3(CH_2)_7CH=CH(CH_2)_7COOH$
	18	2	リノール酸	$CH_3(CH_2)_4(CH=CHCH_2)_2(CH_2)_6COOH$
	18	3	リノレン酸	$CH_3CH_2(CH=CHCH_2)_3(CH_2)_6COOH$
	20	4	アラキドン酸	$CH_3(CH_2)_4(CH=CHCH_2)_4(CH_2)_2COOH$

水中では疎水性部分を内側に向けて分子が集合し，ミセルを形成する．その疎水部に脂質成分を取り込むことができるため，油汚れを落とすことができる．

リン脂質(phospholipid)は，細胞膜をはじめとする生体膜を構成する成分であり，その代表がグリセロリン脂質(ホスホグリセリド，図7-12)である．グリセロリン脂質は二つの脂肪酸と一つのリン酸のグリセリンエステル(ホスファチジン酸)である．リン酸部分にコリンやエタノールアミンなどがエステル結合することが多い．とくにコリンが結合したものをホスファチジルコリンという．グリセロリン脂質は石けんと同様に両親媒性物質であり，分子集合体をつくる．しかし，疎水部の領域が大きいためミセルにはならず，2分子が向かい合った**脂質二分子膜**(lipid bilayer)を形成する(図7-13a)．これが球状になったものをベシクルと呼ぶ(図7-13b)．通常，生体膜は脂質二分子膜を基本としており，膜のなかに糖鎖や膜タンパク質があり，それらが流動的に動くことによって物質移動や反応を可能にしている(流動モザイクモデル，図7-14)．

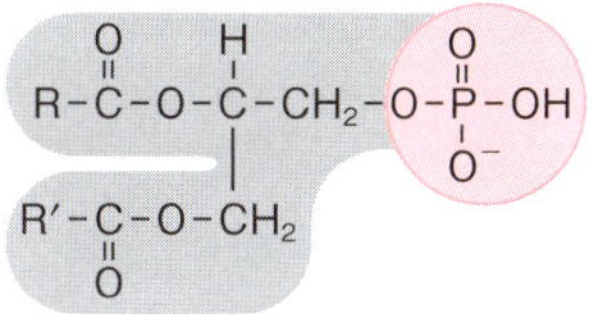

図7-12 グリセロリン脂質

ホスファチジン酸
細胞膜の重要な構成要素．脂質の生合成における前駆体，小胞分裂／融合の促進，シグナル伝達脂質として動作などの細胞機能を担っている．

(a) 二分子膜　　(b) ベシクル

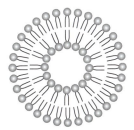

図7-13 脂質二重膜

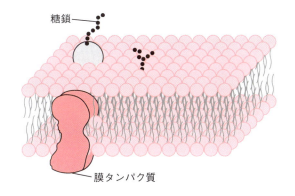

図7-14 生体膜流体モザイクモデル

エステル結合をもたない脂質には，リモネン，ゲラニオール，β-カロテンなどのテルペノイド(terpenoid)がある．多くは揮発性が高く特有の香りをもつため，香料などに使われている(図 7-15)．

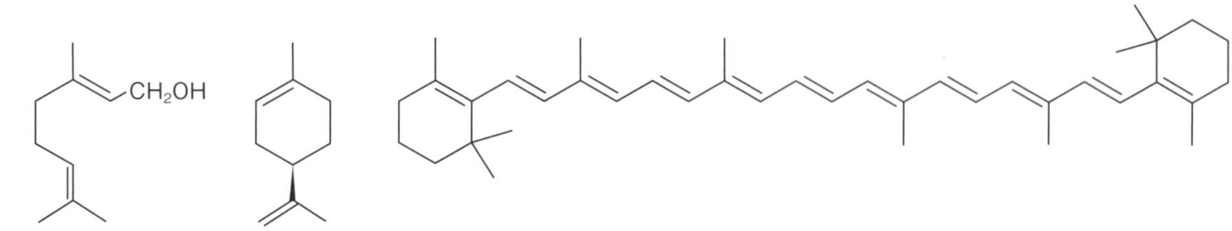

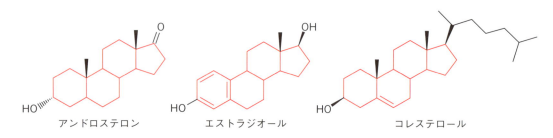

ゲラニオール
(バラの香り)

リモネン
(レモンの香り)

β-カロテン(ビタミンAの元)

図 7-15 テルペノイドの例

また四つの環から構成されるステロイド環をもつ化合物をステロイド(steroid)と呼ぶ(図 7-16)．代表的な化合物にはコレステロールがあり，血中で高濃度になると析出するため，動脈硬化や高血圧の原因になる．またステロイドの多くはホルモンとして作用し，テストステロン(図ではアンドロステロン，男性ホルモン)やエストラジオール(女性ホルモン)がそれにあたる．さらに，抗アレルギー薬などの医薬品にも利用されている．

アンドロステロン　　エストラジオール　　コレステロール

図 7-16 ステロイドの例

例題

両親媒性化合物とはどのような化合物か説明せよ．

【解答】　一つの分子内に水に親和性のある「親水基」と，油に親和性のある「親油基」(疎水基)の両方をもつ分子．

7-1-3 アミノ酸・タンパク質

アミノ酸(amino acid)どうしのカルボキシ基とアミノ基との縮合によって形成されるアミド結合をペプチド結合(peptide bond)という．タンパク質(protein)は，アミノ酸がペプチド結合によって連結したポリペプチドであり，生物はタンパク質でできているといっても過言ではない．生体内での酵素による化学反応や外敵からからだを守る免疫反応など，あらゆる場面でタンパク質が機能している．

表7-2にタンパク質を構成する20種類のアミノ酸を示した．タンパク質を構成するアミノ酸は，アミノ基とカルボキシ基が同じ炭素原子に結合しており，その炭素原子をα炭素という．α炭素をもつアミノ酸はα-アミノ酸と呼ばれ，グリシンを除くα-アミノ酸はα炭素に水素とその他の官能基(側鎖あるいは残基)をもつため，不斉中心となっている．したがって，α-アミノ酸には鏡像異性体が存在し，フィッシャー投影式で示したとき，カルボキシ基を上側にして左にアミノ基があるものがL体，右にあるものがD体である(図7-17)．天然のタンパク質に含まれるアミノ酸はほぼL体のみである．

○━ **アミノ酸のpK_a**
アミノ酸はアミノ基，カルボキシ基および残基によって，解離状態が異なるため，いくつかのpK_aがあり，さらに等電点も異なる．

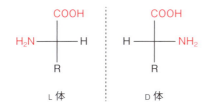

図7-17　アミノ酸のフィッシャー投影式

アミノ酸はペプチド結合によってつながっていく．2分子がつながったものをジペプチド，3分子のものをトリペプチドと呼び，10個程度までのものをオリゴペプチドと総称する．それ以上の数のものはポリペプチドと呼ぶ．ペプチドの両末端にはアミノ基あるいはカルボキシ基が残るため，それぞれをN末端，C末端と呼ぶ(図7-18)．

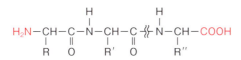

図7-18　ペプチドのN末端とC末端

136 ● 7章 生体関連物質と合成高分子

表7-2 アミノ酸とその構造

	アミノ酸	略号 三文字表記(一文字表記)	構造	等電点
	Glycine グリシン	Gly(G)	$H-\underset{\underset{NH_3^+}{\mid}}{C}HCOO^-$	5.97
	Alanine アラニン	Ala(A)	$CH_3-\underset{\underset{NH_3^+}{\mid}}{C}HCOO^-$	6.01
	Valine バリン	Val(V)	$\underset{CH_3}{CH_3}CH-\underset{NH_3^+}{C}HCOO^-$	5.96
	Leucine ロイシン	Leu(L)	$CH_3CHCH_2-\underset{\underset{NH_3^+}{\mid}}{C}HCOO^-$ $\underset{\mid}{CH_3}$	5.98
	Isoleucine イソロイシン	Ile(I)	$CH_3CH_2CH-\underset{CH_3NH_3^+}{C}HCOO^-$	6.02
中性アミノ酸	Phenylalanine フェニルアラニン	Phe(F)	⟨C₆H₅⟩$-CH_2-\underset{\underset{NH_3^+}{\mid}}{C}HCOO^-$	5.48
	Serine セリン	Ser(S)	$HOCH_2-\underset{\underset{NH_3^+}{\mid}}{C}HCOO^-$	5.68
	Threonine トレオニン	Thr(T)	$CH_3CH-CHCOO^-$ $\quad\; OH \;\; NH_3^+$	5.60
	Tyrosine チロシン	Tyr(Y)	$HO-$⟨C₆H₄⟩$-CH_2-\underset{\underset{NH_3^+}{\mid}}{C}HCOO^-$	5.66
	Cysteine システイン	Cys(C)	$HSCH_2-\underset{\underset{NH_3^+}{\mid}}{C}HCOO^-$	5.07
	Methionine メチオニン	Met(M)	$CH_3SCH_2CH_2-\underset{\underset{NH_3^+}{\mid}}{C}HCOO^-$	5.74
	Tryptophane トリプトファン	Trp(W)	(インドール環)$-CH_2-\underset{\underset{NH_3^+}{\mid}}{C}HCOO^-$	5.89
	Proline プロリン	Pro(P)	(ピロリジン環)$\underset{NH_3^+}{C}HCOO^-$	6.30
	Asparagine アスパラギン	Asn(N)	$H_2NCCH_2-\underset{NH_3^+}{C}HCOO^-$ $\;\;\overset{\parallel}{O}$	5.41
	Glutamine グルタミン	Gln(Q)	$H_2NCCH_2CH_2-\underset{NH_2^+}{C}HCOO^-$ $\;\;\overset{\parallel}{O}$	5.65
酸性アミノ酸	Aspartic acid アスパラギン酸	Asp(D)	$^-OOCCH_2-\underset{\underset{NH_3^+}{\mid}}{C}HCOO^-$	2.77
	Glutamic acid グルタミン酸	Glu(E)	$^-OOCCH_2CH_2-\underset{\underset{NH_3^+}{\mid}}{C}HCOO^-$	3.22

7-1 生体関連物質 ● *137*

アミノ酸	略号 三文字表記(一文字表記)	構造	等電点
Arginine アルギニン	Arg(R)	$H_2NCNHCH_2CH_2CH_2-CHCOO^-$ ($\overset{\overset{NH_2^+}{\parallel}}{}$, $\overset{}{NH_3^+}$)	10.76
Histidine ヒスチジン	His(H)	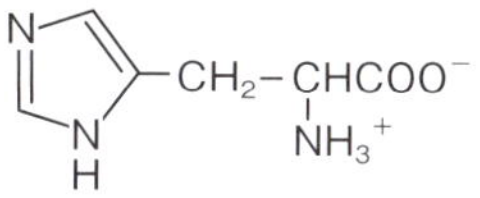 $CH_2-CHCOO^-$ (NH_3^+) イミダゾール	7.59
Lysine リシン	Lys(K)	$^+H_3NCH_2CH_2CH_2CH_2-CHCOO^-$ (NH_3^+)	9.74

塩基性アミノ酸

赤字は必須アミノ酸

例題

酸性アミノ酸, 塩基性アミノ酸の名称と構造を示せ.

【解答】 酸性アミノ酸:

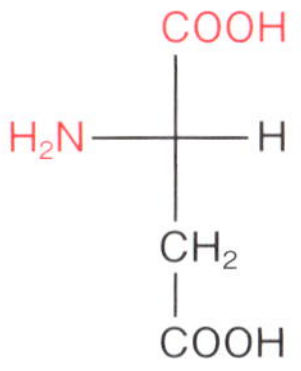

アスパラギン酸 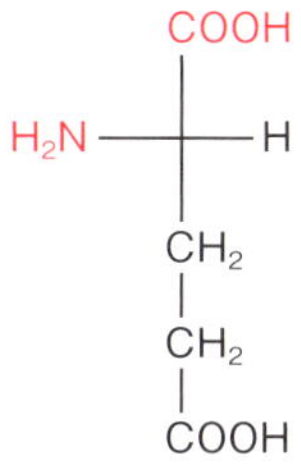　　グルタミン酸

塩基性アミノ酸:

Arg　　His　　Lys

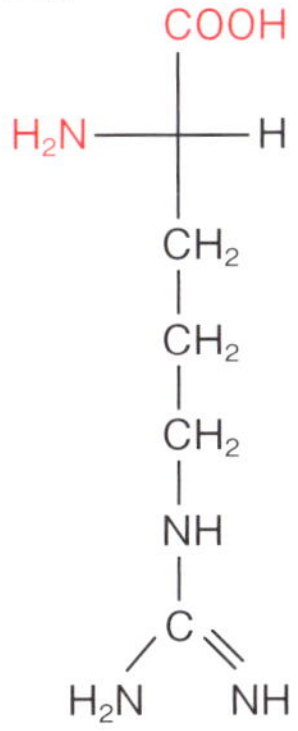

アルギニン　　ヒスチジン　　リシン

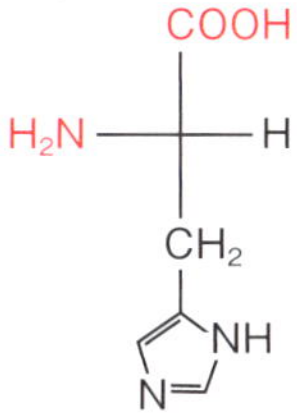

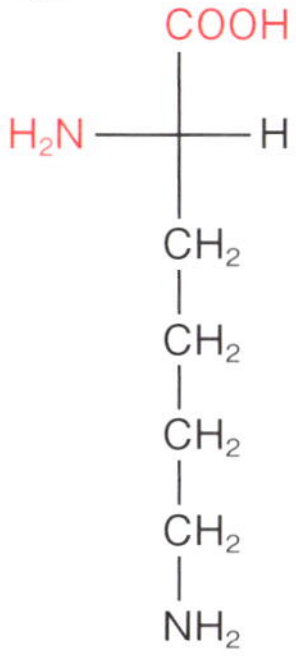

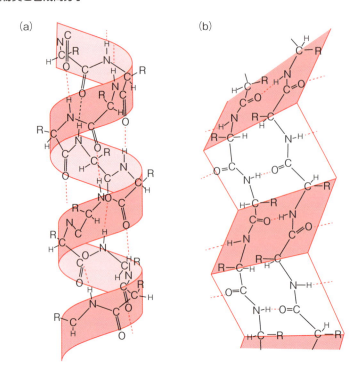

図7-19 αヘリックスとβシート

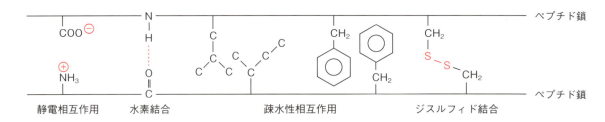

図7-20 アミノ酸残基の相互作用の例

　タンパク質はさまざまなアミノ酸配列をもち，分子全体としての立体構造が違うため，さまざまな異なる機能を発現できる．ポリペプチドのアミノ酸の並び順をタンパク質の一次構造と呼び，その鎖状のポリペプチドがアミド基間の水素結合によって立体的な二次構造を形成する．二次構造としてはポリペプチドが右巻きのらせん構造をとる**α-ヘリックス**（α-helix）と，ポリペプチドが整列した状態で折りたたまれた平面構造をもつ**β-シート**（β-sheet）がある（図7-19）．また，特定の二次構造をもたないタンパク質もあり，これはランダムコイルと呼ばれる．これらの二次構造は分子内のさまざまなアミノ酸残基どうしの相互作用（静電相互作用，水素結合，疎水性相互作用，ジスルフィド結合）などによって，三次構造を形成して

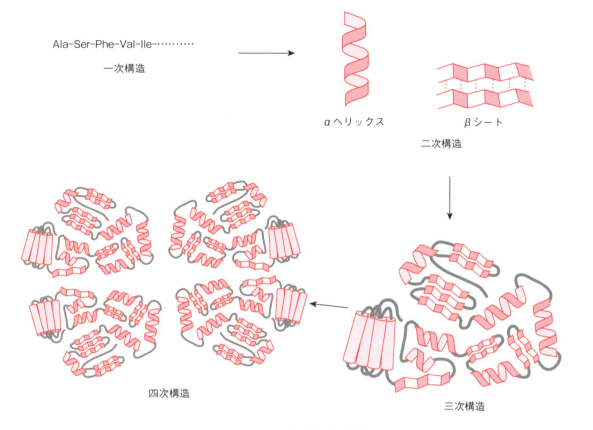

図 7-21　タンパク質の高次構造

安定化している（図 7-20）．

　多くのタンパク質は 1 分子のポリペプチドから形成されるわけではなく，複数のポリペプチドの会合体（四次構造）として機能している（図 7-21）．それぞれはサブユニット構造とも呼ばれ，分子内，分子間の相互作用によって立体構造が構築され，タンパク質の機能が発現する．熱，pH 変化，有機溶媒などによってこれらの相互作用は簡単に壊れるため，タンパク質の立体構造が維持されなくなり，機能が失活する．これをタンパク質の変性という．

例題

タンパク質の変性とは何か，簡潔に説明せよ．

【解答】　タンパク質は，酸／塩基，有機溶媒，温度によって，水素結合，イオン結合，疎水性相互作用，S-S 結合などが切断されることで，高次構

造が壊れ，結果的にもとの機能を失活する．この現象を変性と呼ぶ．

《解説》 加熱調理された肉や卵の変色や性質の変化，豆腐やヨーグルトの凝固などはタンパク質の変性によるものである．調理にはさまざまなタンパク質の変性がかかわっているので，身の回りの例を探してみるとおもしろい．

7-1-4 核酸

核酸(nucleic acid)であるDNAとRNAは，ヌクレオチド(nucleotide, 図7-22)のポリマーである．ヌクレオチドは糖，核酸塩基，リン酸から構成されており，RNAの糖はβ-D-リボース，DNAはβ-D-2-デオキシリボースである．核酸の塩基のうち，アデニン(A)，グアニン(G)，シトシン(C)はRNA，DNAどちらにも含まれる(図7-23)．また，チミン(T)はDNAにのみ，ウラシル(U)はRNAにのみに含まれる塩基である．

ヌクレオチドは，ヌクレオシドとリン酸のエステルである．ヌクレオシド(nucleoside)は，糖のヘミアセタール中心と塩基のNHから水1分子が除かれることで形成されるN-グリコシドである．このとき，塩基を構成する環の原子に位置番号を付け，糖の酸素に対しては，塩基と結合している炭素を1′-として，5′-の炭素には1級のヒドロキシ基が結合している．ヌクレオシドの5′-のヒドロキシ基がアルコールとしてリン酸エステルを形成したものがヌクレオチドである．

リン酸ジエステル(3′-と5′-の間に)結合を介して結合しているヌクレ

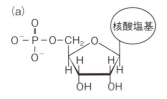
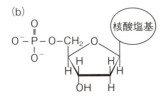

図 7-22 核酸の構造

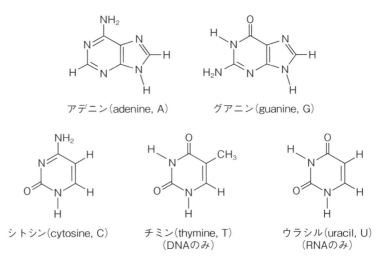

図 7-23 核酸塩基

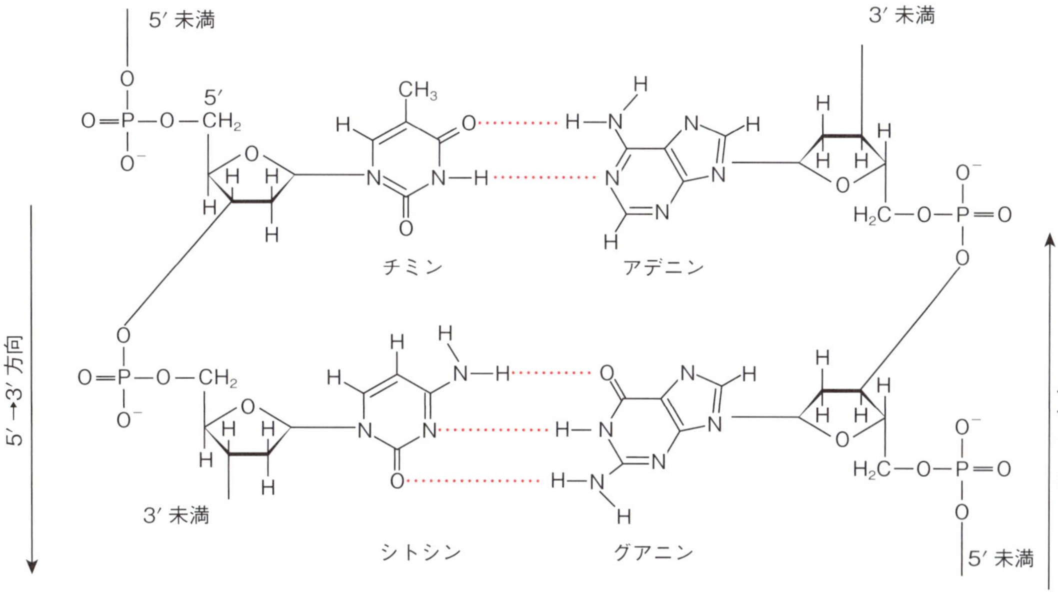

図 7-24　DNA の水素結合

オチドは，RNA，DNA 分子の一次構造を形成している．タンパク質の一次構造と同じく，ヌクレオチドの配列順を標記する場合には 5′- 末端から 3′- 末端の方向順に表記する．

　1947 年に E. Chargaff によって DNA 中の C と G の量は等しく，同様に A と T の量も等しいこと，さらに A+G と C+T も等しいことが明らかになった．その後 J. D. Watson と F. H. C. Crick が，2 本のポリデオキシリボヌクレオチドのあいだで，対の塩基が向かい合って水素結合を形成していることを明らかにし，A と T，C と G がそれぞれ相補的塩基として相互作用していることがわかった．さらに 2 本の鎖の方向性は逆であり，3′-5′ と 5′-3′ が逆平行に並んでいることも明らかになった（図 7-24）．こうして，DNA が二重らせん構造（図 7-25）をとることが予想され，X 線回折の結果もこの予想にぴったりと合致した．

　遺伝子の本体ともいえる DNA の働きは非常に複雑であるため，詳細については生物学や生化学で学ぶこととして，本書では簡単にまとめておく．

1. DNA はタンパク質合成の指令を含む遺伝情報を保存し，伝達する．
2. DNA は核内で複製され，細胞分裂後の新しい細胞にもコピーされる．
3. タンパク質合成の情報は，転写と呼ばれる過程を経て，メッセンジャー RNA（mRNA）に伝えられる．
4. mRNA は翻訳と呼ばれる過程を経て，タンパク質合成を指令する．

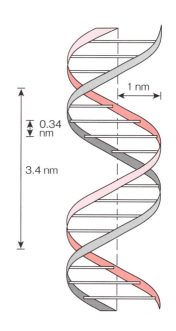

図 7-25　二重らせん構造

リボソーム
mRNA の遺伝情報を読み取ってタンパク質へと変換する翻訳が行われる細胞内の構造．膜結合リボソームと細胞質中に存在する遊離リボソームがある．

7章 生体関連物質と合成高分子

このような遺伝情報の流れはセントラルドグマと呼ばれる．その概略を図 7-26 に示した．

図 7-26　セントラルドグマの概略

例題

アデノシン三リン酸の構造式を示せ．

【解答】

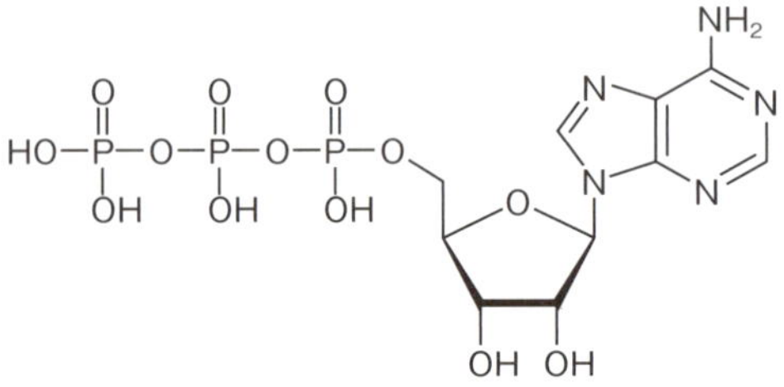

7-2　合成高分子

KEYWORDS

モノマー　　ポリマー　　付加重合　　縮重合

前章では有機分子のさまざまな反応を紹介した．また前節までに生体関連物質の単一構造とその高分子を示した．生体内では実に精密な有機合成が行われており，その結果として，厳密に設計されたタンパク質，核酸がつくりあげられている．一方，われわれも有機合成の技術を使うことで，さまざまな高分子を合成することに成功しており，現在では日常生活のあらゆる場面で合成高分子が利用されている．本書においてすべての高分子を網羅することは困難であるが，基本的な合成高分子についての一端を見ていこう．

7-2-1　モノマーとポリマー

単量体(モノマー，monomer)がさまざまな反応によって連続的に化学反応し，巨大分子になったものを高分子(ポリマー，polymer)と呼ぶ．ひと言でポリマーといっても，重合方法，立体化学，物理的性質などの違い

発展　分子インプリント法

　生体内では抗体や酵素などがきわめて精密に分子認識を行っている．その機能を利用した，特定のタンパク質を固定化して対応する分子を選択的に分離するアフィニティクロマトグラフィーや，酵素を用いて特定の物質を定量的に検出する酵素免疫測定法（Enzyme-Linked ImmunoSorbent Assay, ELISA）などは広く利用されている．しかしながら，タンパク質を利用したこれらの手法では，pH，温度，溶媒などによって，タンパク質が変性し，本来の分子認識機能が失活する可能性があり，また，特定のタンパク質を使用するためにコストが高い．そこで，人工的に分子認識能を獲得する手段として，分子インプリント法が現在注目されている．

　分子インプリント法は，まさに「鍵と鍵穴」の関係を分子レベルでデザイン，作製する技術で，図に示すように目的物質が選択的にはまり込む分子認識部位を構築することが可能である．目的物質（鋳型分子）と水素結合や静電相互作用が可能な機能性モノマーを使って，複合体を形成させたあと，架橋剤（通常ビニル基が二つ）の存在下で重合反応を行うと，複合体を囲むようにして架橋ポリマーが生成する．そのあと，適当な溶媒を用いて鋳型分子を取り除くことで，分子認識部位をもった架橋ポリマーができる．このポリマー（Molecularly Imprinted Polymer, MIP）は，強度に架橋された有機高分子であるため，有機溶媒，pH，温度に対する耐性が非常に高い．また簡便で，かつリサイクル性，コスト性などが優れていることから，MIP は分離媒体，人工酵素や人工抗体，触媒など幅広い応用が研究されており，最近では，タンパク質や DNA を選択的に捕まえる媒体としても注目を集めている．ただし，目的物質に対する結合定数（結合の強さ）は，従来の酵素，抗体に比べるとまだ低く，そういった面で今後のさらなる研究発展が必要である．

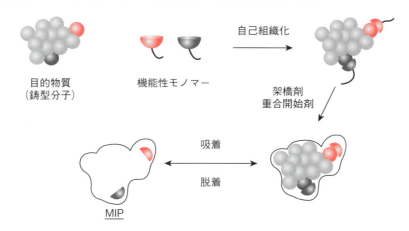

によってさまざまな分類がある．

　ポリマーは，付加重合体と縮合重合体の二つに大別できる．付加重合体はラジカル重合，カチオン重合，アニオン重合のいずれかによって，二重結合の開裂による連続的な付加反応が繰り返し起こって生成するポリマー

144 ● 7章　生体関連物質と合成高分子

である．縮合重合体はアルコールとカルボン酸，アミンとカルボン酸などから1分子の水がとれる脱水反応が逐次的に進行することによって生成するポリマーである．

7-2-2　付加重合体

　付加重合体は連鎖成長ポリマーとも呼ばれ，反応性中間体にモノマーが次々と付加することによってつくられる．通常，反応開始剤としてはラジカル，カルボカチオン，カルボアニオンなどがある．ラジカル重合開始剤には過酸化ベンゾイルのような過酸化物が使われ，ラジカルを生じてモノマーと反応する（図7-27）．カチオン重合では，たとえばある種のLewis酸をイソブチレンと反応させる過程を考える．求電子試薬は，マルコフニコフ則に従って，置換基の少ない二重結合炭素原子に付加する．同反応が連続的に進行することによってポリマーが生成する．アニオン重合では，求核試薬としてカルボアニオンが作用する．一例として，ブチルリチウムから供給されるブチルアニオンは，二重結合と反応してポリマーを生成する．

◎⚊⚊ 求電子試薬
電子の授受を伴う反応において，電子を受け取る側の化学種を指す．一方，電子を与える側の化学種は求核試薬と呼ばれる．

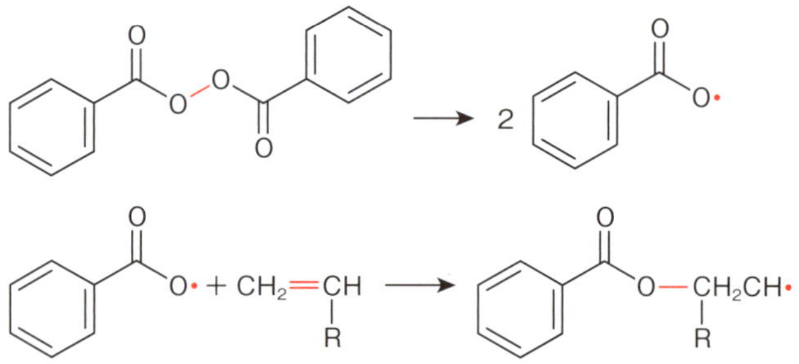

図 7-27　過酸化ベンゾイルからのラジカルの生成とビニル基との反応

　付加重合の停止反応には，付均化反応と二量化反応がある．付均化反応では，ラジカル中心の炭素の隣接するα炭素に結合している水素が，別のラジカルによって引き抜かれる．よって，一方のポリマー末端には二重結合ができ，もう一方のポリマーは水素を受け取って飽和になる．しかし，実際にはこれらの停止反応は高濃度のモノマー存在下では起こりにくく，連鎖移動剤あるいは阻害剤を加えて反応を停止させる．連鎖移動剤とは，ポリマーの成長を妨げるとともに，ほかのポリマー鎖の形成を開始する働きがあり，チオールはその代表的な化合物である（図7-28）．連鎖移動剤を利用することによって，ポリマーの平均分子量を比較的小さく制御することができる．また，阻害剤（ラジカル重合禁止剤）はポリマーのラジカルと反応し，反応性の低いラジカルを生成する．ベンゾキノンを含む化合物

7-2 合成高分子 ● 145

(a) R—CH$_2$CH$_2$• + R—S—H ⟶ R—CH$_2$CH$_2$—H + R—S•

(b)   R—S• + CH$_2$＝CH$_2$ ⟶ R—S—CH$_2$CH$_2$•

図 7-28　チオールによる連鎖移動反応

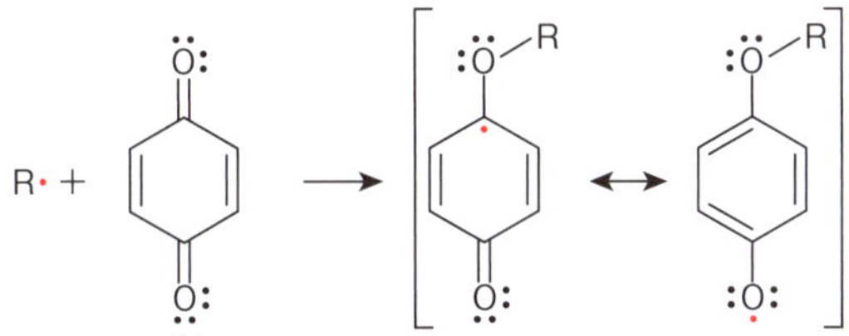

図 7-29　ベンゾキノンの重合禁止反応

は，典型的な重合禁止剤としてモノマーの添加剤としてもよく用いられている（図 7-29）．

　ここまで，単一のモノマーから生成するポリマー（ホモポリマー）を議論したが，2 種類のモノマーから構成されるポリマー（コポリマー，共重合体）もある．コポリマーは非常に多様な構造をもつが，最も単純なものに 2 種類のモノマーがランダムに並んだランダム共重合体がある（図 7-30a）．これに対して，たとえばスチレンと無水マレイン酸を反応させれば，規則正しく 2 種類のモノマーが交互に並んだ交互共重合対が得られる（図 7-30b）．

(a) nA + nB ⟶ —A—A—B—A—B—B—B—A—A—B—
（ランダム共重合体）

(b) nA + nB ⟶ —B—A—B—A—B—A—B—A—B—A—
（交互共重合体）

図 7-30　共重合体の生成イメージ

　このほかスチレンとジビニルベンゼンを用いれば，ポリスチレンのポリマー鎖をジビニルベンゼンが橋かけをした架橋ポリマーを得ることができる．高度に架橋された架橋高分子は通常の鎖状ポリマーとは異なり，いかなる溶媒にも溶解しない不溶性の性質を示す（図 7-31）．イオン交換樹脂には，スチレンジビニルベンゼンの共重合体にスルホ基，4 級アンモニウム，カルボキシ基，アミノ基などを付加した樹脂が用いられている．

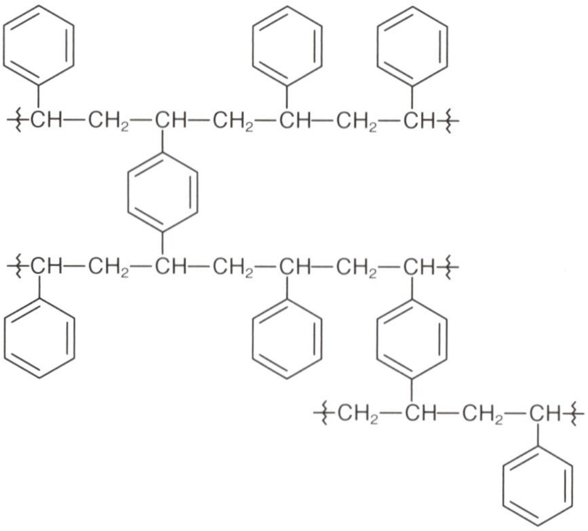

146 ● 7章 生体関連物質と合成高分子

図 7-31 付加重合体の橋かけ構造

例題

スチレンとプロピレンから付加重合によってできる交互共重合体の構造を示せ.

【解答】

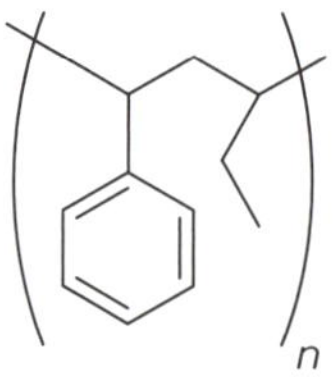

《解説》 スチレンとプロピレンの二重結合が交互に反応することで,スチレン-プロピレン交互共重合体が生成する.

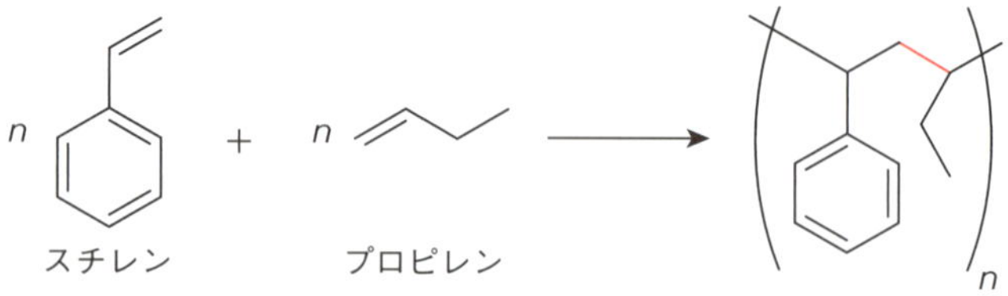

スチレン　　　　　プロピレン

7-2-3 縮重合体

一方,縮重合体は逐次成長ポリマーとも呼ばれ,ジオール(エチレングリコール)と二塩基酸(テレフタル酸)の反応では,アルコールとカルボン

酸からエステルが生成する．逐次成長重合では，はじめに低分子量のオリゴマーが生成し，これらのオリゴマーの末端が相互に縮合することで，ポリマー鎖長が急激に成長する．

縮合反応は二つの反応物による反応であり，二つ以上の官能基をもつモノマーが必要である．たとえば 1 分子内にアミノ基とカルボキシ基をもつアミノ酸は，縮合（アミド結合）によってポリマーを形成する．また，上述のジオールと二塩基酸の例では，異なる 2 分子が別の官能基をそれぞれ 2 個以上もつため，2 分子の連続した交互重合体が生成する．以下に，代表的な縮合高分子をいくつか紹介する．

7-2-4 代表的な縮合高分子

ポリエステル（polyester）は合成繊維の大半を占めるポリマーで，代表的なポリエステルとして，われわれの生活でも飲料のボトルに用いられるポリエチレンテレフタレート（polyethylene terephthalate，PET，図 7-32）がある．これはテレフタル酸とエチレングリコールの共重合体であり，工業的には PET を含め多くのポリエステルはエステル交換反応で合成される．PET の場合にはエステルのアルコキシ基がアルコールとの反応で交換される．この反応では，副生成物としてメタノールが生成するが，低温でメタノールを沸騰させ，系から取り除くことで平衡が右に移動し，重合が完結する方向に動く．

⌘ エステル交換反応
エステルとアルコールを反応させた際に，たとえば，$RCO_2R' + R''OH \rightarrow RCO_2R'' + R'OH$ のように，アルコールの主鎖部が入れ替わる反応.

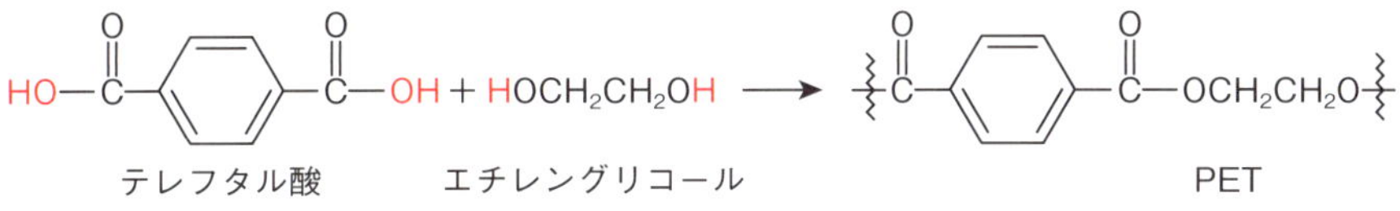

図 7-32　ポリエチレンテレフタレート（PET）の合成

ポリカーボネート（polycarbonate）はジオールとホスゲンの反応で生成するが，工業的には炭酸ジアルキルとジオールのエステル交換反応を用いて合成される．代表的なポリカーボネートとして，炭酸ジエチルとビスフェノール A から得られるレキサンがある（図 7-33）．ビスフェノール A を含むポリカーボネートは，容器や缶の内装など幅広い用途で使用されているが，ビスフェノール A の内分泌かく乱作用が疑われており，用途が制限されている．

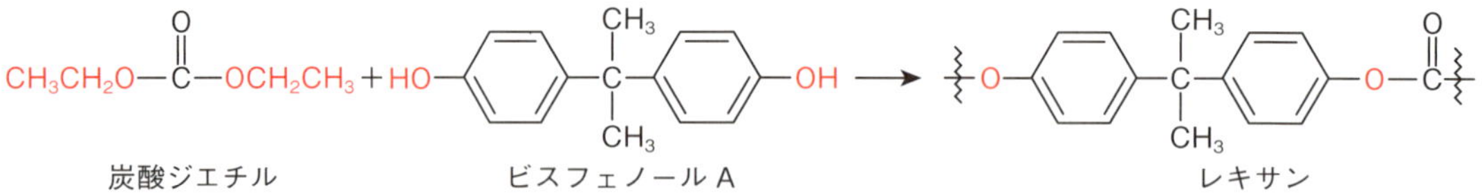

148 ● 7章　生体関連物質と合成高分子

炭酸ジエチル　　　　　　　　　ビスフェノール A　　　　　　　　　　　　　　　　レキサン

図 7-33　ポリカーボネートの合成

　ポリアミド(polyamide)は二つの二塩基酸とジアミンとの反応によって生成する．ポリアミドの一般名称の由来でもあるナイロン 6,6 は，1,6-ヘキサメチレンジアミンとアジピン酸を高温で処理することで容易に得られる(図 7-34)．また，ナイロン 6 は ε-カプロラクタムを求核剤とともに加熱するとカルボニルの炭素原子が攻撃され環が開き，アミノ基が別のモノマーのカルボキシ基と反応することでナイロン 6 が生成する．

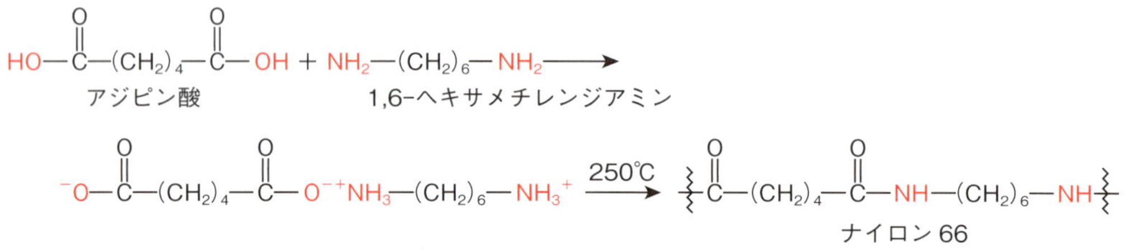

アジピン酸　　　　　　　　　1,6-ヘキサメチレンジアミン

ナイロン 66

図 7-34　ナイロン 66 の合成

　ポリウレタン(polyurethane)はカルバミン酸のエステルである．カルバミン酸は不安定なので，ジイソシアナートとジオールの反応よってポリウレタンをつくる(図 7-35)．一般的なジイソシアナートはトルエンジイソシアナートであり，これにエチレングリコールを反応させると典型的な縮合重合が起こりポリウレタンが得られる．最もよく用いられるのはウレタンフォームであり，寝具や車のシートなどに使われる．ウレタンフォームは発泡剤とともに合成することで簡便に合成でき，多官能のモノマーを使うことで架橋構造のウレタンフォームも得ることができる．

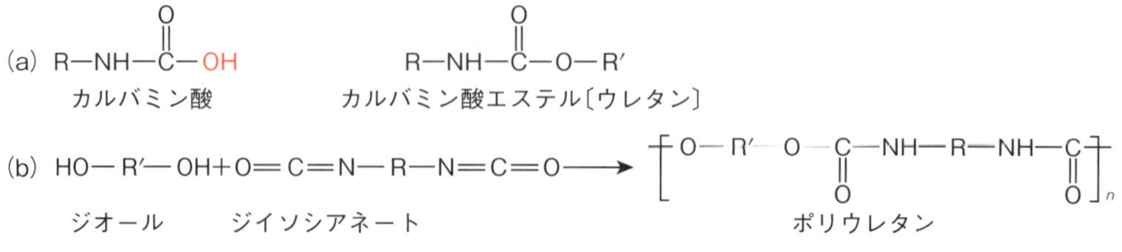

(a)　カルバミン酸　　　　　　カルバミン酸エステル〔ウレタン〕

(b)　ジオール　　ジイソシアネート　　　　　　　　　　　　ポリウレタン

図 7-35　ポリウレタンの合成

> **コラム** 内分泌かく乱化学物質
>
> 私たちは合成化成品なくしては生活ができないといっても過言ではない．周りを見渡すと，そのほとんどが合成化成品であり，有機合成技術の発展に伴い，さまざまな利便性を獲得してきたといえる．
>
> 一方で，本来地球上には存在しなかった多くの有機化合物が合成され，環境に放出されているともいえる．その一部の化合物は，私たちの体内の受容体に作用する可能性が指摘されており，内分泌かく乱化学物質(endocrine disrupting chemicals)として，生態，生体への影響が懸念されている．これは 1996 年に発刊された「奪われし未来(Our Stolen Future)」シーア・コルボーンほか)のなかで，巣をつくらないワシ，孵化しないワニやカモメの卵，子を生まないミンク，アザラシやイルカの大量死，ヒトの精子数の激減などが紹介され，さらにこれらに合成化学物質が強く関与していることが示されたことで，一気に注目され始めた．
>
> すでにポリカーボネートの材料であるビスフェノール A や可塑剤としてのフタル酸エステル，界面活性剤であるノニルフェノール，難燃剤としての臭素化芳香族など，さまざまな化合物におけるかく乱作用の可能性が報告されている．
>
> 内分泌かく乱化学物質は，受容体に結合し，神経伝達物質やホルモンなどと同様の機能を示すアゴニストと本来のホルモンなどを阻害するアンタゴニストに分類される．私たちの体内の神経伝達物質やホルモンは精密に制御されているため，これらのわずかな内分泌かく乱作用によって神経伝達やホルモンバランスが崩れ，疾患につながる可能性が数多く指摘されている．
>
> 環境省は，最新の毒性情報を収集して，「化学物質の内分泌かく乱作用に関する今後の対応」として EXTEND2016(Extended Tasks on Endocrine Disruption)を公表し，化学物質の毒性，要モニタリグ物質の選定，スクリーニング手法の開発などに力を入れている．しかし，現時点では内分泌かく乱作用と化学物質の定量的構造活性相関(Quantitative Structure–Activity Relationship, QSAR)は明確ではなく，革新的な研究推進が求められている．
>
> ビスフェノールA　フタル酸エステル　ノニルフェノール　臭素化芳香族(3,4,5,3',4',5'-hexabromo diphenylether)

7-2-5　生分解性樹脂

合成高分子はその利便性の高さから需要が増大し，その結果，生産量および廃棄量が大幅に増加した．そのため自然環境の汚染が問題となり，自然界で微生物によって分解される生分解性樹脂(biodegradable plastic)の研究・開発が積極的に進められてきた．

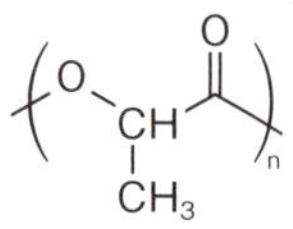

150 ● 7章　生体関連物質と合成高分子

図 7-36　ポリ乳酸

　代表的な生分解性樹脂にはポリ乳酸がある．ポリ乳酸(polylactic acid, 図 7-36)は環境中の水分により加水分解され，微生物などにより二酸化炭素と水にまで分解される．このほかポリビニルアルコール(polyvinyl alcohol, PVA)と天然繊維を用いた耐熱性生分解性樹脂も報告されている．

章末問題

1 アルドヘキソースの D 体，L 体をフィッシャー投影式を用いて示せ．

2 脂質二重膜を図示せよ．

3 アルギニン，フェニルアラニン，プロリンからなるトリペプチドの構造をすべて示せ．

4 dG-C-A-T-C-A-G の配列の DNA 鎖に対して相補的な DNA 鎖を示せ．

5 次の構造の縮合重合体を合成するのに必要なモノマーを示せ．

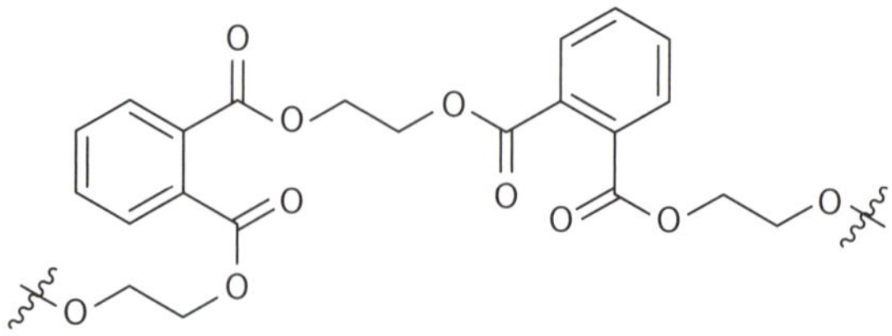

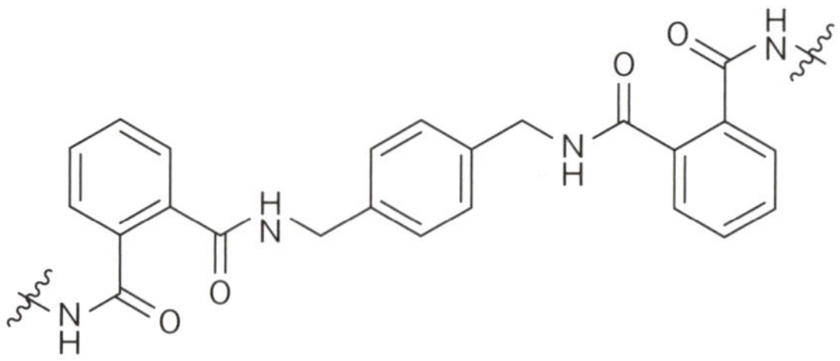

索　引

英

Brønsted–Lowry	91
Beer 則	29, 31
CI	36
DNA	140, 141
E, Z 表記法	69
E1 反応	111, 116, 117
E2 反応	110, 113, 117
EI	36
ESI	36
FL	31
FTIR	31
GC	27
HOMO	88
HPLC	24, 26
Hunt の規則	80
IUPAC	56, 65
Lambert Beer	29
Lewis 塩基	88, 94, 97
Lewis 構造式	78
Lewis 構造式	98
Lewis 酸 88	94, 97
LUMO	88
MALDI	36
MOF	86, 107
MS	34, 36, 37
NMR	38, 41, 43
Pauli の排他原理	80
p*K*a	92, 93
RNA	140, 141
RPLC	25
R-S 規則	70
S_N1 反応	111, 115, 117
S_N2 反応	110, 112, 117
TLC	22
UV-Vis	30
VSEPR モデル	87
Walden 反転	112
X 線	45

あ

アセチル化	12
アセチルセルロース	131
アミド	54
アミド結合	147
アミノ酸	135, 136, 138
アミン	54, 61
アリール基	53
アルカン	56, 57
アルキン	58, 84
アルケン	57, 58, 84
アルキル基	53, 57
アルコール	7, 53, 59, 60
アルコキシ基	60
アルデヒド	54, 62
αヘリックス	138
アンチ型	67
アンチ脱離	114, 117
アンモニウム	54
イオン化	35, 36
イオン結合	77
いす形	67
異性体	10
エーテル	53, 60, 61
液／液抽出	20
エステル	54, 63, 147, 148

か

エステル結合	132
エチルアルコール	53
エナンチオマー	70
エネルギー保存の法則	99
エレクトロスプレーイオン化法	36
エンタルピー	99
エントロピー	100
オクテット則	77, 78

カーボンナノチューブ	6
回折格子	45
化学イオン化法	36
化学構造式	49
化学シフト	39, 41, 42
核酸	140
核磁気共鳴	38
ガスクロマトグラフィー	27
活性化エネルギー	104
カップリング	41
果糖	129
カラムクロマトグラフィー	23
カルボアニオン	95, 144
カルボカチオン	95, 144
カルボキシ基	54
カルボニル	62
カルボン酸	54, 63
環境ホルモン	17
還元	121
幾何異性体	68
基底状態	82
逆相クロマトグラフィー	25

求核試薬　95, 110, 112, 113, 115, 116

求電子試薬　95

共重合体　145

競争反応　109

共鳴構造　78

共役塩基　92

共役酸　92

共有結合　77, 78

キラル化合物　70

キラル中心　70

くさび形表記　50, 67, 72

グラファイト　6

グリセリン　6, 53, 132

グリセロリン脂質　133

グルコース　127

クレゾール　53

クロマトグラフィー　21

蛍光分光分析法　31

結合・線式　50

結合性分子軌道　82, 83

ケミカルシフト　39, 86

ケトン　54

けん化　6

原子価殻電子対反発モデル　87

原子核　75

原子間距離　45, 81

原子番号　75

検出　19

光学不活性　116

構造解析　20

高速液体クロマトグラフィー　24

ゴーシュ型　67

コポリマー　145

混成軌道　82, 85

さ

最高被占軌道　88

ザイツェフ則　116

最低空軌道　88

サリドマイド　8

酸解離定数　92

酸性度　92, 94

ジアステレオマー　70

シアノ基　55

ジオール　146, 147

紫外可視分光スペクトル測定　30

シクロヘキサン　51, 67

シクロデキストリン　130

σ結合　82

脂質　131

脂質二分子膜　133

シス-トランス異性体　68, 83

シス付加　120, 121

ジスルフィド結合　138

質量／電荷数比　35

質量数　75

質量分析　34, 36

自由エネルギー　100, 104

重水素　39, 76

臭素付加反応　120, 121

縮重合体　146

蒸留　5

触媒　7, 105

ショ糖　130

シン脱離　117

スクロース　130

ステロイド　10, 134

スペクトル解析　20

生分解性樹脂　149

赤外吸収　33

赤外分光法　32

た

ダイオキシン　17, 52

ダイヤモンド　6

ダッシュ式　50

脱離反応　96, 109, 117, 119

炭化水素　51, 55

単結晶　45

タンパク質　135

単離精製　20

チオール　55, 59, 144

置換反応　9, 96, 109, 117

中間体　111

中性子　75

定性　20

定量　20

テルペノイド　134

転位反応　96

電気陰性度　77

電子　75

電子イオン化法　36

電子軌道　79

電子供与体　94

電子受容体　94

電磁波　28

デンプン　127, 130

同位体　35

糖質　127

トランス体　117

石油　5

石けん　6, 132

セルロース　127, 130

遷移状態　99, 104

旋光計　71, 72

セントラルドグマ　142

双極子　32

索 引 153

| トランス付加 | 120, 121 |

な

内分泌かく乱物質	17, 147, 149
ナイロン	148
二重らせん構造	141
ニトリル	55
ニトロ基	63
ニューマン投影式	67
ヌクレオシド	140
ヌクレオチド	140
熱力学第二法則	100
熱量	99
ノーベル化学賞	19, 36

は

π結合	83
バッキーボール	6
薄層クロマトグラフィー	22
パスカルの三角形	43
波動方程式	79
ハロゲン	17, 18, 52, 63
反結合性分子軌道	82, 83
反応機構	97
反応速度	104, 110, 111
反応速度定数	105
ビスフェノール A	17, 149
非対称オレフィン	123
ビタミン	1, 2, 12
ヒドロキシ基	53
標準生成自由エネルギー	101
フィッシャー投影式	72, 128, 135
フェノール	18, 53, 59
フェニル基	59

付加環化反応	124
付加重合体	143, 144
付加反応	96, 119
不斉合成	7
不斉炭素原子	50
ブドウ糖	127
舟形	67
フラーレン	6
プラスチック	15
ブラッグ反射	45
フルクトース	129
フロン	18
分配平衡	21
分離	19
平衡定数	20, 101
平衡反応	99, 101
βシート	138
ヘテロリシス	97
ペプチド結合	135
ベンジル基	59
ベンゼン	51, 58, 59, 62
芳香環	13
芳香族	58
ホモポリマー	145
ポリアセチレン	18
ポリアミド	148
ポリウレタン	148
ポリエーテル	12
ポリエステル	147
ポリエチレンテレフタレート	147
ポリカーボネート	147, 148
ポリ乳酸	150
ポリビニルアルコール	150
ポリマー	19, 142, 144, 145

ま

マトリックス支援レーザー脱離イオン化法	36
マルコニコフ則	124, 144
マルトース	129
ミカエリス・メンテン式	102
ミセル	6
ムコ多糖	131
メルカプト基	55
モノマー	142, 144, 145

や

| 陽子 | 75 |
| 溶媒和効果 | 116 |

ら

ラジカル	144
ラセミ体	8, 71, 116
律速段階	111, 115
立体配座	67
流動モザイクモデル	133
リン脂質	133
励起状態	82
ロウ	18, 131

◆著者紹介◆

久保　拓也（くぼ　たくや）
京都大学大学院工学研究科准教授．
1975年大阪府生まれ．1999年京都工芸繊維大学繊維学部卒業，2004年京都工芸繊維大学大学院工芸科学研究科博士後期課程修了．その後東北大学大学院で助手，助教を経験したのち，2012年より現職．
専門は分離化学，機能性高分子合成，表面化学．現在の研究テーマは「機能性高分子材料の開発」で医薬品分析及び環境試料分析の高度化へ向けた研究を展開中．

細矢　憲（ほそや　けん）
京都府立大学大学院生命環境科学研究科教授．
1958年兵庫県生まれ．1982年京都工芸繊維大学繊維学部卒業，1987年京都大学大学院理学研究科博士後期課程修了．その後京都工芸繊維大学，東北大学大学院などを経て2011年より現職．
専門は高分子有機化学，有機分析化学．現在の研究テーマは「ナノ−ミクロハイブリッドによる新規複合機能材料の開発」で環境改善材料から医用材料まで天然物から合成高分子まで広範囲に研究を展開中．

化学の基本シリーズ②　有機化学

2017年12月25日　第1版　第1刷　発行

検印廃止

JCOPY　〈(社)出版者著作権管理機構委託出版物〉
本書の無断複写は著作権法上での例外を除き禁じられています．複写される場合は，そのつど事前に，(社)出版者著作権管理機構（電話 03-3513-6969，FAX 03-3513-6979，e-mail: info@jcopy.or.jp）の許諾を得てください．

本書のコピー，スキャン，デジタル化などの無断複製は著作権法上での例外を除き禁じられています．本書を代行業者などの第三者に依頼してスキャンやデジタル化することは，たとえ個人や家庭内の利用でも著作権法違反です．

著　者　久保拓也
　　　　細矢　憲
発行者　曽根良介
発行所　㈱化学同人

〒600-8074　京都市下京区仏光寺通柳馬場西入ル
編集部　Tel 075-352-3711　Fax 075-352-0371
営業部　Tel 075-352-3373　Fax 075-351-8301
　　　　振替　01010-7-5702
E-mail webmaster@kagakudojin.co.jp
URL https://www.kagakudojin.co.jp
印刷・製本　㈱太洋社

Printed in Japan © Takuya Kubo, Ken Hosoya　2017　　ISBN978-4-7598-1845-1
乱丁・落丁本は送料小社負担にてお取りかえします．無断転載・複製を禁ず